# 高大模板支撑体系的安全控制

谢 楠 著

中国建筑工业出版社

**图书在版编目(CIP)数据**

高大模板支撑体系的安全控制/谢楠著. —北京:
中国建筑工业出版社,2012.6
ISBN 978-7-112-14446-4

Ⅰ. ①高… Ⅱ. ①谢… Ⅲ. ①模板-支撑-建筑工程-
安全技术 Ⅳ. ①TU755.2

中国版本图书馆 CIP 数据核字(2012)第 138543 号

本书介绍了作者近年来在高大模板支撑体系安全性方面的研究成果,内容分为
3篇,第1篇简要介绍了高大模板支撑体系和设计方法,分析我国模板支架的安全
水平和存在的主要问题;第2篇为高大模板支架的设计理论,涉及极限承载力、荷
载与设计方法三大要素,注重对混凝土浇筑期施工荷载研究成果的介绍,在承载力
力和设计方法的研究中也考虑了这一时期施工荷载的特点;第3篇为高大模板支撑
体系中人为过失的研究,主要包括人为过失的调查统计、对支架安全性的影响和改
错效果,以及解决人为过失的对策等。本书可作为从事土建施工的施工技术人员、
安全监督人员、监理人员和政府监管人员的参考书,也可供相关专业的科研人员
参考。

*    *    *

责任编辑:郦锁林　曾　威
责任设计:陈　旭
责任校对:肖　剑　王雪竹

**高大模板支撑体系的安全控制**

谢　楠　著

*

中国建筑工业出版社出版、发行(北京西郊百万庄)
各地新华书店、建筑书店经销
北京天成排版公司制版
北京市书林印刷有限公司印刷

*

开本:787×1092毫米　1/16　印张:9　字数:215千字
2012年11月第一版　2012年11月第一次印刷
定价:**22.00**元
ISBN 978-7-112-14446-4
(22515)

# 前　言

我国正在进行当今世界最大规模的基本建设，各类高大特异建筑不断涌现。在施工过程中，重大安全事故时有发生，其中支撑高度超过 8m，或搭设跨度超过 18m，或施工总荷载大于 15kN/m²，或集中线荷载大于 20kN/m 的模板支撑系统(统称高大模板支撑体系)垮塌事故所占比例极高。此类事故造成群死群伤，给国家和人民生命财产安全造成严重损失，例如 2005 年"西西工程"高大厅堂顶盖模板支撑体系垮塌，造成 8 人死亡、21 人受伤。2006 年建设部按照国务院对搞好全国安全生产工作的指示，制定了《建筑施工安全专项整治工作方案》，高大模板支撑体系成为重点整治的项目。但近年来此类事故仍呈多发态势，2007 年郑州"9·6"模板支撑体系垮塌事故造成 7 人死亡、17 人受伤，2008 年发生一次死亡 3 人及以上的此类重大工程事故 7 起，2010 年第一季度就发生一次死亡 3 人及以上的重大工程事故 4 起。这些事故均由体系中主要受力结构——模板支架的失稳破坏导致。模板支撑体系垮塌事故和基坑坍塌事故一起成为建筑业的两大杀手，解决高大模板支架的安全问题已刻不容缓。住房和城乡建设部以及国家自然基金委对模板支架的安全性研究项目给予资助，本书的内容是作者科研成果的一部分。

结构的安全问题涉及承载力和荷载两大要素。在承载力方面，模板支架合理的构造措施是不可忽视的先决条件，其重要性甚至比极限承载力的计算方法更为突出；极限承载力的研究工作本着理论分析力争完善，而实用计算公式尽量简单的原则进行。在荷载方面，模板支架不同的工作阶段承受的荷载差别较大，分析事故发生的时间，可以发现绝大部分高大模板支撑体系的坍塌事故发生在混凝土浇筑期。在混凝土浇筑期内，作用在模板支架上的荷载与混凝土浇筑前和浇筑后有很大的不同，模板支架的受力复杂而特殊，不但承受了不均匀的竖向荷载，而且承受了可观的水平荷载，可以认为混凝土浇筑期是模板支架最为危险的时期，本书介绍的荷载研究主要针对这一时期的荷载特点来进行的。

国内外的设计方法和设计理论只考虑荷载和承载力两大要素，而作为由施工单位设计、搭设和使用的临时性结构，其安全性受施工技术和施工管理方面人为因素的影响十分明显，绝大部分事故由人为过失引起，考虑人为过失对安全性的影响是本书的特色之一。本书的另一主要内容是针对人为过失的研究，对人为过失的发生规律、危害以及检查验收中过失的纠正率等进行了讨论。同时提出了管理措施，以期减少人为过失的发生率。

我国高大模板支架设计体系还不完善，对此本书介绍了英国和美国相关规范的一些重要条款，同时分析了我国模板支架设计中存在的问题。

在本书的撰写过程中，得到住房和城乡建设部质量安全监管司邵长利处长、王英姿处长、王天祥副处长和邓谦处长的大力支持，中国建筑业协会安全分会秦春芳会长和张镇华教授级高级工程师、清华大学的秦权教授、哈尔滨工程大学的徐崇宝教授和张有闻教授以及北京市建委施工安全管理处陈卫东处长在本书的撰写过程中给予了很大的帮助，中国建筑总公司、北京城建集团、北京建工集团、北京城乡建设有限公司以及四川省安监站、山东省安监站、广西壮族自治区安监站协助完成了本书介绍的试验和调研，作者指导的研究生王勇、樊宇、李靖、胡杭、梁仁钟、檀维超和王晶晶等参加部分计算和试验工作，在此一并感谢。

作者

# 目　　录

## 第1篇　高大模板支撑体系简介和存在的主要问题

## 第2篇　承载力、荷载与设计方法

# 第3篇 高大模板支撑体系中人为过失及其对策

# 第1篇

# 高大模板支撑体系简介和
# 存在的主要问题

# 第1章 高大模板支撑体系的设计和验收方法

## 1.1 高大模板支撑体系的组成

支撑高度超过 8m，或搭设跨度超过 18m，或施工总荷载大于 15kN/m²，或集中线荷载大于 20kN/m 的模板支撑系统称为高大模板支撑体系。模板支撑体系由模板、次龙骨、主龙骨、带螺杆的 U 形托、支架以及底座组成，见图 1-1 和图 1-2。荷载由模板依次传给次龙骨、主龙骨、带螺杆的 U 形托、支架和底座，其中支架是最为主要的受力结构，绝大部分坍塌事故均由支架的失稳而导致。

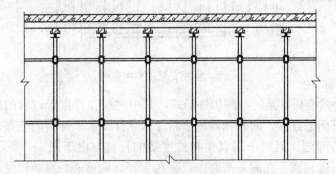

图 1-1 混凝土板的模板支撑体系立面图

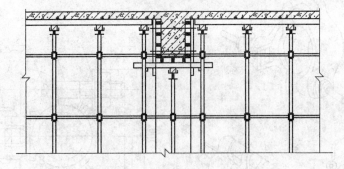

图 1-2 混凝土梁板的模板支撑体系立面图

在高大模板支撑体系中，模板、次龙骨、主龙骨等均由工人手工放置在相应的支撑构件和结构上，支点只能承受压力，这是和普通结构的主要区别之一。

## 1.2 模板支架的种类和特点

我国常用的模板支架有扣件式模板支架、碗扣式模板支架和门式模板支架。一些新型结构形式如插销式模板支架和承插型盘扣式模板支架等在我国逐渐得到应用。

扣件式模板支架和碗扣式模板支架均是由钢管通过节点连接而成的临时性空间结构，一般由立杆、水平杆、剪刀撑等部件构成，如图1-3所示，所不同的是节点构造形式不同。

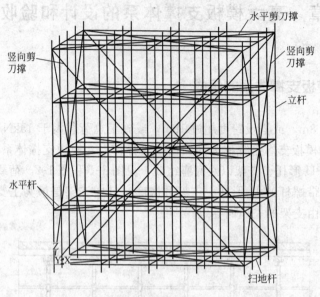

图1-3 模板支架基本构造图

图1-4为扣件式模板支架的三种扣件形式，其中对接扣件用于钢管的接长，直角扣件用于立杆和水平杆间的连接，回转扣件用于斜杆和立杆或水平杆间的连接。用对接扣件连接的杆件没有偏心问题，而对于用直角扣件连接的杆件，由于图1-5所示的节点构造特点，立杆和水平杆的轴线不在同一平面内，存在53mm的偏心，对结构受力不利。

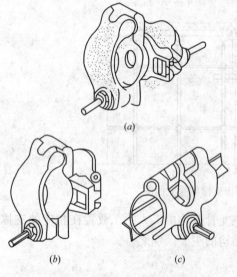

图1-4 扣件的三种形式

(a)回转扣件；(b)直角扣件；(c)对接扣件

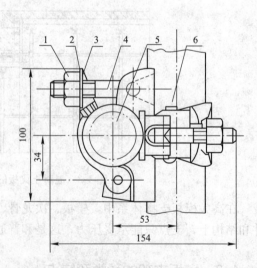

图1-5 直角扣件构造图

1—螺母；2—垫圈；3—盖板；
4—螺栓；5—水平杆；6—立杆

4

对于碗扣式模板支架，连接立杆和水平杆的节点构造如图 1-6 所示，由上碗扣、下碗扣、立杆、横杆接头、上碗扣和限位销组成，碗扣节点按 0.6m 模数设置。碗扣式模板支架立杆和水平杆的轴线在一个平面内，不存在偏心问题。立杆上设有接长用套管，用于接长立杆。剪刀撑与立杆和水平杆的连接仍用图 1-4 所示的回转扣件。

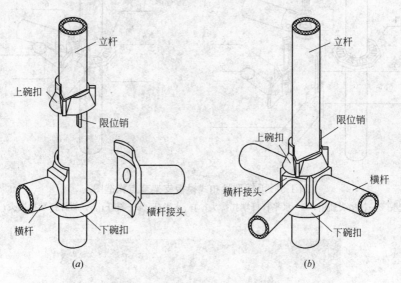

图 1-6　碗扣式模板支架节点构造图
(a)连接前；(b)连接后

门式模板支架由单榀的单层单跨门架拼装而成，门架如图 1-7 所示，结构在门架平面内刚度较大。

插销式模板支架的节点和承插型盘扣式模板支架节点如图 1-8 和图 1-9 所示。

国外多用工具式模板支架，由单榀的钢架拼装而成。美国某公路桥的模板支架见图 1-10。

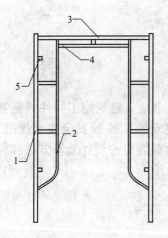

图 1-7　门架
1—立杆；2—立杆加强杆；3—横杆；
4—横杆加强杆；5—锁销

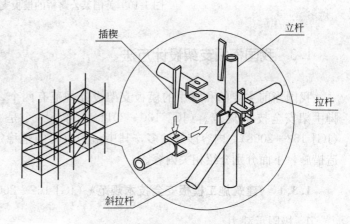

图 1-8　插销式模板支架节点构造图

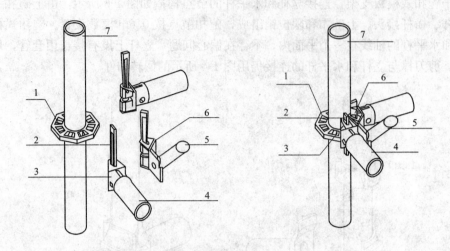

图 1-9　承插型盘扣式模板支架节点构造图

1—连接盘；2—扣接头插销；3—水平杆杆端扣接头；4—水平杆；5—斜杆；6—斜杆杆端扣接头；7—立杆

图 1-10　美国某公路桥的模板支架

## 1.3　我国模板支架设计方法

我国当前主要的和常用的模板支架设计规范有两个，一个是《建筑施工扣件式钢管脚手架安全技术规范》（JGJ 130—2011），另外一个是《建筑施工模板安全技术规范》（JGJ 162—2008）。内容涉及较多，其中最为重要的是稳定承载能力的设计验算方法和构造措施，下面分别介绍相关内容。

### 1.3.1　《建筑施工模板安全技术规范》（JGJ 162—2008）

1. 极限承载力

（1）扣件式模板支架：

当只受轴力时，极限承载力按下式计算：

$$N_u = \varphi A f \tag{1-1}$$

式中 $\varphi$——轴心受压构件的稳定系数，应根据长细比 $\lambda$ 和钢材的屈服强度，按规范附录 D 取值；

$\lambda$——长细比，$\lambda = l_0/i$，$l_0$ 为立杆计算长度，取纵横向水平杆的最大步距；最大步距不得大于 1.8m；$i$ 为立杆截面的回转半径；

$A$——立杆的截面面积；

$f$——钢材的抗压强度设计值。

（2）门型模板支架：

当只受轴力时，极限承载力按下式计算：

$$N_u = \varphi A_0 f \tag{1-2}$$

式中 $N_u$——模板支架的极限承载力；

$\varphi$——轴心受压构件的稳定系数，根据长细比 $\lambda$ 按规范附录 D 取值；

$\lambda$——长细比，$\lambda = k_0 h_0/i$，其中 $k_0$ 为长度修正系数，$k_0 = 1.13 \sim 1.22$；$h_0$ 为单榀门架的高度；$i$ 为门架立杆换算截面回转半径；

$A_0$——一榀门架两边立杆的毛截面面积；

$f$——钢材的抗压强度设计值。

2. 荷载

（1）恒载：模板及支撑体系的自重标准值 $G_{1k}$、新浇混凝土的自重标准值 $G_{2k}$ 和钢筋的自重标准值 $G_{3k}$；

（2）活载：施工人员及施工设备荷载标准值 $Q_{1k}$、振捣混凝土时产生的荷载标准值 $Q_{2k}$、倾倒混凝土时产生的荷载标准值 $Q_{3k}$ 及风荷载 $w_k$。

3. 设计表达式

对于支撑混凝土平板的模板支架：

$$N_u \geqslant 0.9[1.2(N_{G_{1k}} + N_{G_{2k}} + N_{G_{3k}}) + 1.4N_{Q_{1k}}] \tag{1-3}$$

或 $N_u \geqslant 0.9[1.35(N_{G_{1k}} + N_{G_{2k}} + N_{G_{3k}}) + 1.4 \times 0.7N_{Q_{1k}}]$ （以恒载为主时）

对于支撑混凝土梁的模板支架：

$$N_u \geqslant 0.9[1.2(N_{G_{1k}} + N_{G_{2k}} + N_{G_{3k}}) + 1.4N_{Q_{2k}}] \tag{1-4}$$

或 $N_u \geqslant 0.9[1.35(N_{G_{1k}} + N_{G_{2k}} + N_{G_{3k}}) + 1.4 \times 0.7N_{Q_{2k}}]$ （以恒载为主时）

式（1-3）和式（1-4）中，$N_{Q_{ik}}$ 为第 $i$ 个活载标准值的效应；$N_{G_{ik}}$ 为第 $i$ 个恒载标准值的效应。

4. 构造要求

（1）可调支托底部的立杆顶端应沿纵横向设置一道水平拉杆，U 形托的螺杆伸出钢管顶部不得大于 200mm。

（2）当建筑层高在 8～20m 时，在最顶步距两水平拉杆中间加设一道水平拉杆。

（3）立杆接长严禁搭接。

（4）在模板支架外侧周圈应设由下至上的竖向连续式剪刀撑，中间在纵横向应每隔 10m 左右设由上至下的竖向连续式剪刀撑，其宽度宜为 4～6m，并在剪刀撑部位的顶部和扫地杆处设置水平剪刀撑。

（5）当建筑层高在 8～20m 时，还应在纵横向相邻的两竖向连续式剪刀撑之间增加之字斜撑，在有水平剪刀撑的部位，应在每个剪刀撑中间处增加一道水平剪刀撑。

（6）当支架立杆高度超过 5m 时，应在立柱周圈外侧和中间有结构柱的部位，按水平间距 6～9m、竖向间距 2～3m 与建筑结构设置一个固结点。

**1.3.2　《建筑施工扣件式钢管脚手架安全技术规范》**（JGJ 130—2011）

1. 极限承载力计算方法

极限承载力按下式计算：

$$N_u = \varphi A f \qquad (1\text{-}5)$$

式中　$N_u$——模板支架的极限承载力；

$\varphi$——轴心受压构件的稳定系数，应根据长细比 $\lambda$ 按规范附录 C 取值；

$\lambda$——长细比，$\lambda = l_0/i$，$l_0$—立杆计算长度，$i$—立杆截面的回转半径；

$A$——立杆的截面面积；

$f$——钢材的抗压强度设计值。

$l_0$ 取 $k\mu_1(h+2a)$ 和 $k\mu_2 h$ 中的不利值，其中 $h$—立杆步距，$a$—立杆超出顶层水平杆长度；$k$—计算长度附加系数；$\mu_1$、$\mu_2$—考虑整体稳定因素的单杆计算长度系数。

2. 荷载设计值

荷载标准值的取值和组合与《建筑施工模板安全技术规范》（JGJ 162—2008）一致。

3. 主要构造要求

（1）立杆接长接头必须采用对接扣件；

（2）立杆伸出顶层水平杆长度 $a$ 不应超过 0.5m，支架搭设高度不宜超过 30m；

（3）将支架分为普通型和加强型，设置不同的竖向剪刀撑和水平剪刀撑；

（4）当高宽比大于 2 或 2.5 时，支架应在四周和中部与结构柱进行刚性连接，在无结构柱部位应采取预埋钢管等措施与建筑结构进行刚性连接。

## 1.4　我国模板支架的检查验收标准

《建筑施工扣件式钢管脚手架安全技术规范》（JGJ 130—2011）的检查验收标准主要针对脚手架，其中对钢管和扣件质量方面的要求可适用于模板支架。对于钢管，外径和壁厚的偏差分别不应大于 ±0.5mm 和 ±0.36mm，钢管外表面锈蚀最大深度不应大于 0.18mm；对于扣件，扣件螺栓的拧紧力矩应在 40～65N·m。

《建筑施工模板安全技术规范》（JGJ 162—2008）无专门的检查验收规定。

## 1.5　英美规范在模板支架安全技术方面的规定

英国规范《模板支架实施规范》（Code of practice for falsework(BS 5975—1995)）(以下简称英国规范)在模板支架安全技术方面有明确的规定，美国规范《施工期结构设计荷载》(Design Loads on Structure During Construction(SEI/ASCE 37—02))(以下简称美国规范)在荷载的分类及数量上和我国规范有所不同，本书在本节介绍英美规范中相关条款，在第 2 章将对国外规范和我国规范进行比较。

### 1.5.1 英国规范在安全技术方面的规定

英国规范涉及安全技术的规定详细而具体，本书将其主要内容分为荷载、设计方法和搭设质量要求3个部分分别介绍。

1. 荷载方面的规定

模板支架承受的荷载分为自重、外荷载和环境荷载3类。

自重包括：支撑体系的自重、与支撑体系相连的辅助临时设施(马道、储料平台等)的自重、模板自重等；外荷载包括：来自永久性构件的荷载(如钢筋和混凝土)和由施工操作而产生的荷载；环境荷载包括：风荷载、雪荷载、冰荷载等。

英国规范对其中的外荷载作了较为详细的规定，具体规定如下：

(1) 来自永久性构件的荷载：应根据被模板支撑体系所支撑的钢筋和混凝土的自重来计算。在放置钢筋和混凝土时可能产生冲击的区域，应假定一个附加竖向荷载，不同情况下该附加荷载的取值均要评定，例如，当吊车起吊的单件重量为5t时，附加50%的单件重量。

(2) 由施工操作而产生的荷载：

1) 施工活荷载：考虑施工工人、手动工具、小型设备、施工时材料和通常情况下(混凝土自由落下的高度不超过1m，混凝土堆积高度不超过板厚的3倍)浇筑混凝土的冲击和材料的堆积等情况，建议用1.5kN/m²的荷载代表，在储料区当材料堆积荷载超过1.5kN/m²时，应在设计时考虑附加荷载。

2) 重型设备产生的荷载：按自重＋其引起的附加荷载考虑，一般情况下重型设备的振动不会引起荷载的明显增加。

3) 水平移动的荷载产生的动力效应：当速度不超过2m/s时，考虑10%竖向荷载作为水平荷载，作用在重型设备可能移动的任何方向，如无速度限制，则水平荷载按33.3%竖向荷载考虑。

4) 冲击荷载：从吊装荷载可能对模板体系造成破坏的角度看，其对模板体系的冲击必须考虑。

5) 泵送混凝土产生的附加荷载：当泵送管道由支架支撑时，必须考虑混凝土泵管产生的附加力，由下式计算：

$$F_X = 0.25PA_X \tag{1-6}$$

式中  $F_X$——附加力；

$P$——泵管管道内最大压强(不超过5N/mm²)；

$A_X$——管道截面面积。

2. 在设计方面的规定

英国规范对模板支架的设计在受力、荷载组合方法、设计验算和构造要求4个方面均有明确的规定，此外还给出了扣件式模板支架的稳定极限承载力的计算公式，主要内容如下：

(1) 支架的受力：支架除了受到由以上3类荷载产生的竖向力和水平力外，还要考虑搭设偏差引起的水平分力，大小为竖向荷载的1%。

(2) 荷载组合：在施工的不同阶段考虑不同的荷载组合，但一些十分不利的施工作业，如最大风力下使用起重机等，应有效避免，相应的荷载组合不在考虑之列。

（3）设计验算：采用容许应力法，验算内容分为 3 部分，即单个杆件和连接的强度验算、单个杆件和整体结构的稳定性验算、抗倾覆验算，安全系数至少为 2.0；在施工的各阶段，支架必须能抵抗竖向荷载和水平荷载，当水平荷载不大于竖向荷载的 2.5% 时，按竖向荷载的 2.5% 考虑。

（4）构造要求：剪刀撑必须搭设，以保证支架的稳定性，并将水平力传递给基础。

（5）扣件式模板支架的稳定极限承载力：极限承载力按 Perry-Robertson 公式计算，当立杆采用对接扣件接长时，立杆的计算长度 $l$ 按下式计算：

$$l = h + 2a \tag{1-7}$$

式中　$h$——立杆步距；

　　　$a$——立杆超出顶层水平杆的长度。

3. 在搭设质量方面的规定

英国规范在搭设质量方面的规定主要反映在基本要求、安装要求和检查验收 3 个方面。

（1）基本要求：

1）地基必须满足要求；

2）模板支架必须按设计要求搭设，特别是在杆件的质量、数量和位置方面；

3）搭设误差必须在规范允许的范围内；

4）所有连接必须合适；

5）必须有足够的工作区域和安全通道。

（2）安装要求：

1）模板支架中的钢管应无损，没有肉眼可以发现的弯曲或折痕，端面平滑，与轴线垂直，其他配件应无损；

2）立杆应垂直，当高度大于 2m 时，偏差在 15mm 以内；

3）在所支撑构件下的立杆应和所支撑构件上的立杆对中，偏心距不应超过 25mm；

4）当可调 U 形托的螺杆和底座的超出长度超过 300mm 时，一般应适当用横杆或剪刀撑加固，剪刀撑应接近 U 形托和底座底部，与立杆相连，并紧挨横杆；

5）钢管的接长应采用对接，在对接扣件和插承式节点之间，对接扣件应为首选；

6）在节点附近，各钢管的中心线应尽可能靠近，相距不超过 150mm；

7）垫板应水平放置，每延米的误差不超过 25mm；

8）应旋转 U 形托，使之对中其上的主龙骨，搁置在 U 形托的主龙骨应伸出 U 形托中心点至少 150mm；当主龙骨在 U 形托内对接时，节点应设在距 U 形托中心点 15mm 以内；

9）横杆和剪刀撑应按设计要求搭设，以保证提供基本的水平约束。

（3）检查验收：

建议以下阶段均应检查：

1）铺设基础的准备阶段；

2）当支架到达 10m、当支架的高度达到最小时；

3）宽度的 1.5 倍时；

4）当支架到达搭设高度时；

5）受到环境、其他荷载及未考虑的干扰时；

6）当设备连续重复使用时；

7）荷载施加之前。

检查内容：应以图纸和设计说明书为直接参照文件，使用符合要求的材料，检查在中间施工阶段可能发生变化的每一处细节，检查结果和改正过失的情况应记录在案。具体检查内容为：

地基：

1）地面的标高是否满足设计要求？

2）底座和垫板的位置是否平直？是否就位？

3）斜坡上的底座和支撑件是否有防滑措施？

4）垫板是否参与工作，位置是否正确？是否与垫板对中？

架体：

1）扣件和钢管是否合适？所有的立杆是否和两个水平方向的横杆连在一起？

2）立杆是否垂直？

3）立杆的接长处理是否正确？

4）水平杆的间距和位置是否正确？

5）剪刀撑的数量和位置是否正确？

6）除了剪刀撑以外，其他与稳定性有关的约束是否有效？

7）U 形托的布置是否正确？螺杆的超出长度是否超过了允许值？需要的地方是否得到加固？

8）木方是否正确拼接并与 U 形托对中？

9）扣件是否拧紧？

10）过道处梯子、脚手板、护栏和挡脚板是否设置？

### 1.5.2 美国规范在荷载方面的规定

美国规范与模板支架设计有关的荷载为如下几类：

1. 恒载

施工过程中已经就位的永久性建造物的自重荷载。

2. 施工荷载

（1）施工恒荷载：施工阶段临时结构（脚手架、模板支架、模板及走道等）的自重。

（2）材料荷载：包括不变材料荷载和可变材料荷载，其中模板中浇筑的混凝土重量为材料荷载，只有当混凝土获得足够的强度且模板支架不再需要时，混凝土重量才变为恒荷载；被吊起的材料属于设备荷载，只有这些材料被放下后才变为材料荷载。

（3）人员和设备荷载：可从均布荷载和集中荷载二者中选取最不利的荷载形式。其中，均布荷载依照作业的轻重而有所不同，分为非常轻型作业、轻型作业、中型作业和重型作业，取值分别为 0.96kN/m²、1.2kN/m²、2.4kN/m² 和 2.4kN/m²；最小集中荷载依照考虑的对象而有所不同，当考虑单个人员时，取 1.1kN；当考虑手推车轮子时，取

2.2kN；当考虑动力设备轮子时，取 8.90kN。

（4）水平施工荷载：在下面 4 种荷载中选取：

1）当用轮式车辆运送材料时，取一台车 20％的负荷或两台及以上车 10％的负荷，作用在行驶面的任意方向；

2）设备反力中的水平力；

3）按每人 0.22kN 计算，作用施工平台面的任意方向；

4）全部竖向荷载的 2％，按结构重量比例分布，不需与风荷载或地震作用同时考虑。

3. 环境荷载

包括风荷载、雪荷载、温度荷载和地震作用等。

当考虑荷载组合时，美国规范规定可以用容许应力法或概率极限状态设计法，对于变异性很大或统计信息不足的荷载，在容许应力法中，建议安全系数取 2.0。

# 第2章　我国模板支架的安全水平和存在的主要问题

## 2.1　中外规范中设计安全水平比较

《建筑施工扣件式钢管脚手架安全技术规范》(JGJ 130—2011)和《建筑施工模板安全技术规范》(JGJ 162—2008)是搭设模板支架的行业标准，比较中外规范中有关模板支架安全技术方面的规定，可以发现在支架稳定极限承载力的计算方法方面，中外规范有一定的差异，而在荷载、安全水准和检查验收方面，中外规范则存在明显的不同，主要差别如下：

### 2.1.1　荷载方面

(1) 国外规范中的设计荷载比我国规范考虑得更为全面，除了考虑支架自重、施工活荷载和风荷载这些我国规范已考虑的荷载外，还考虑施加在支架上的动力荷载，包括吊放钢筋、水平移动施工设备及混凝土泵管的往复运动等动力效应产生的附加荷载。

(2) 国外规范中考虑了除风荷载以外的水平荷载，并强调剪刀撑在传递水平荷载中的作用。

(3) 混凝土在浇筑期不是永久荷载，而是外荷载或可变材料荷载。

### 2.1.2　安全水准方面

国外规范中涉及强度和稳定性验算的安全系数为 2.0，而我国《建筑施工模板安全技术规范》(JGJ 162—2008)采用概率极限状态设计法，恒载的分项系数为 1.2，活载的分项系数为 1.4，对模板支架的承载力标准值没有进行调整，致使安全度水平低于国外标准。

我国结构设计的基础性规范《工程结构可靠度设计统一标准》(GB 50153—2008)采用校准法确定安全度水准，以保证按容许应力法设计的结构和按概率极限状态设计法设计的结构具有基本相同的安全度水准。在脚手架设计方面，《建筑施工扣件式钢管脚手架安全技术规范》(JGJ 130—2001)虽然采用荷载分项系数，但对承载力标准值予以了调整，对脚手架立杆计算长度增加了附加系数 $k(k=1.155)$，人为地降低了稳定承载力，以确保稳定验算的安全系数 $K_2 \geqslant 2.0$。

模板支架是危险性较大的工程，其安全水准应不低于脚手架。而《建筑施工模板安全技术规范》(JGJ 162—2008)中的模板支架的安全水准不但低于国外标准，也不符合我国《工程结构可靠度设计统一标准》(GB 50153—2008)的规定。

### 2.1.3　检查验收方面

英国规范规定在搭设模板支架的几个关键阶段均要求进行检查验收，检查验收内容具体而详细，我国规范对此的规定较为笼统和简单。

## 2.2 我国模板支架的实际安全水平

将模板支架分为3类：一类是施工单位精心设计、搭设质量有保证的支架，或在专家的指导及安监部门全程监督下搭设的模板支架，反映了我国模板支架较为理想的搭设水平，本文称之为高质量的模板支架；一类是发生坍塌事故的模板支架，反映设计和施工质量没有保证条件下的搭设水平，本文称之为极差水平的模板支架；其余的模板支架是指一般情况下的模板支架，可以反映我国模板支架的普遍搭设水平。以上述3类模板支架为分析对象，较为全面地分析我国高大模板支架的安全水平。

### 2.2.1 安全水平的分析方法

按照《建筑施工模板安全技术规范》（JGJ 162—2008）的搭设要求，作用在支架上的荷载均由立杆承受。

在进行安全性验算时，应考虑支架的稳定性、支架的抗倾覆和地基的承载能力等，其中起控制作用的是稳定性验算，因此只考虑与稳定性对应的结构安全度。

荷载和承载力是影响稳定性的两个因素，为了统一起见，对2011年前搭设的支架，承载能力按已经使用多年的《建筑施工扣件式钢管脚手架安全技术规范》（JGJ 130—2001）所给的公式计算，各类荷载标准值根据施工工艺按照《建筑施工模板安全技术规范》（JGJ 162—2008）确定，荷载组合效应设计值按施工技术人员常用的较长保守的方法计算。

1. 模板支架立杆轴力的标准值和设计值

模板支架立杆轴力的标准值和设计值分别按下面两个公式计算：

$$N_1 = 1.0 \sum N_{Gk} + 1.0 \sum N_{Qk} \tag{2-1}$$

$$N_2 = 1.2 \sum N_{Gk} + 1.4 \sum N_{Qk} \tag{2-2}$$

式中 $N_1$——模板支架立杆轴力标准值；

$N_2$——模板支架立杆轴力设计值；

$\sum N_{Gk}$——模板及支架自重标准值 $G_{1k}$、新浇混凝土自重标准值 $G_{2k}$ 与钢筋自重标准值 $G_{3k}$ 对立杆产生的轴力之和；

$\sum N_{Qk}$——施工人员及施工设备荷载标准值 $Q_{1k}$、振捣混凝土时产生的荷载标准值 $Q_{2k}$ 对立杆产生的轴力之和，其中当采用布料机上料进行混凝土浇筑时 $Q_{1k}$ 取 $4.0kN/m^2$，其余取 $1.0kN/m^2$；$Q_{2k}$ 为振捣混凝土时产生的荷载标准值，取 $2.0kN/m^2$。

计算时不考虑风荷载的影响。

2. 安全度的评价方法

当前影响结构安全的主要随机变量的统计工作还未全面开展，用可靠指标或失效概率进行安全性评价还缺乏基础数据的支持，在这种情况下，用安全系数来评价是一种比较现实的方法。安全系数的计算公式如下：

$$K_1 = N_u / N_1 \tag{2-3}$$

式中 $K_1$——模板支架的安全系数。

为了评价支架实际的安全度和设计安全水准关系，提出一种新的评价方法，即用安全裕度来评价，安全裕度的计算公式如下：

$$K_2 = N_u/N_2 \tag{2-4}$$

式中　$K_2$——模板支架的安全裕度。

### 2.2.2　我国高大模板支架安全度的现状

**1. 高质量支架**

根据施工单位提供的结构施工图纸、模板支架方案、施工现场的调研数据，考虑支架的主要实际搭设参数(立杆超出顶层水平杆长度 $a$ 和立杆步距 $h$)，选取有代表性的模板支架工程实例，分析我国当前高质量支架的安全水平。

根据式(2-1)~式(2-4)，对 3 个模板支架工程中板下立杆和梁下立杆分别进行安全度计算，结果见表 2-1。

高质量支架工程实例的安全度　　　　表 2-1

| 工程名称 | 搭设高度(m) | $N_1$(kN) | | $N_2$(kN) | | $N_u$(kN) | $K_1$ | | $K_2$ | |
|---|---|---|---|---|---|---|---|---|---|---|
| | | 板下 | 梁下 | 板下 | 梁下 | | 板下 | 梁下 | 板下 | 梁下 |
| 北京望京建材超市 | 9.3 | 6.83 | 10.27 | 8.63 | 12.59 | 35.28 | 5.16 | 3.43 | 4.08 | 2.80 |
| 成都龙湖商业中心 | 25.0 | 10.87 | 13.91 | 13.89 | 16.97 | 38.27 | 3.51 | 2.75 | 2.75 | 2.24 |
| 广西科技馆 | 7.85 | — | 12.66 | — | 15.60 | 53.40 | — | 4.21 | — | 3.42 |

从表 2-1 的计算结果可以看出，我国高质量模板支架的安全系数在 2.7~5.1 之间，安全水平均大大超出了 2.0 的标准；从支架实际的安全性和设计安全水准的关系看，安全裕度均大于 1，而且在 2.2~4.0 之间，说明支架实际的安全程度至少超出设计安全水准 120%。

**2. 一般情况的支架**

根据施工单位提供的结构施工图纸、模板支架方案、施工现场的调研数据和重要的文献资料，考虑支架的主要实际搭设参数(立杆超出顶层水平杆长度 $a$ 和立杆步距 $h$)，选取有代表性的模板支架工程实例，分析我国一般情况支架的安全水平。根据式(2-1)~式(2-4)，对模板支架中板下立杆和梁下立杆分别进行安全度分析，结果见表 2-2。

一般情况下支架工程实例的安全度　　　　表 2-2

| 工程名称 | 搭设高度(m) | $N_1$(kN) | | $N_2$(kN) | | $N_u$(kN) | $K_1$ | | $K_2$ | |
|---|---|---|---|---|---|---|---|---|---|---|
| | | 板下 | 梁下 | 板下 | 梁下 | | 板下 | 梁下 | 板下 | 梁下 |
| 北京某城铁箱梁桥 | 8.0 | 8.80 | — | 10.99 | — | 17.61 | 2.00 | — | 1.60 | — |
| 北京城铁某车站 | 8.3 | 7.21 | 11.23 | 9.14 | 13.60 | 14.07 | 1.95 | 1.25 | 1.54 | 1.03 |
| 北京石景山区某小区底商 | 6.0 | 6.04 | — | 7.74 | — | 14.07 | 2.32 | — | 1.81 | — |
| 北京某大学图书馆 | 5.9 | 8.55 | 18.25 | 10.75 | 22.12 | 28.02 | 3.20 | 1.53 | 2.60 | 1.26 |
| 北京科技馆新馆 | 19.0 | 14.07 | | 17.86 | | 41.55 | 2.95 | | 2.32 | |
| 烟台某中心大楼 | 34.4 | — | | 23.45 | 12.85 | 33.10 | | | 1.41 | 2.57 |
| 温州某剧院 | 30.0 | | | 24.96 | | 40.91 | | | 1.63 | |
| 江苏淮安某枢纽工程 | 12.0 | 30.47 | | 37.06 | | 85.30 | 2.78 | | 2.30 | |

从表 2-2 的计算结果可以看出，一般水平情况下，板下模板支架安全系数在 1.9～3.20 之间，安全系数基本满足 2.0 的标准要求，安全裕度均大于 1，在 1.4～2.6 之间，说明支架实际的安全性超出设计安全水准 40%；梁下的模板支架安全系数在 1.2～1.5 之间，无法满足 2.0 的标准要求，安全裕度均大于 1，在 1.0～2.6 之间，说明支架实际的安全性等于或大于设计安全水准。

3. 极差水平的模板支架

选取有代表性的发生坍塌事故的模板支架实例，分析事故发生时支架的安全度水平。根据文献资料，对模板支架实例的板下立杆和梁下立杆分别进行计算，结果见表 2-3。

极差水平支架工程实例的安全度                    表 2-3

| 工程名称 | 搭设高度(m) | $N_1$(kN) | | $N_2$(kN) | | $N_u$(kN) | $K_1$ | | $K_2$ | |
|---|---|---|---|---|---|---|---|---|---|---|
| | | 板下 | 梁下 | 板下 | 梁下 | | 板下 | 梁下 | 板下 | 梁下 |
| 北京西西工程 4 号地项目 | 21.8 | 25.54 | — | 32.38 | — | 7.99 | 0.31 | — | 0.25 | — |
| 江苏南京江宁某工程 | 18.0 | — | 7.50 | — | — | 6.80 | — | 0.90 | — | — |

从表 2-3 可以看出，梁下和板下模板支架的安全系数和安全裕度均小于 1，坍塌是必然的。

## 2.3 模板支撑体系坍塌事故分析

近年来，模板支架坍塌事故发生频率较高，造成人员伤亡和财产损失，例如 2005 年北京"西西工程"顶盖模板支架垮塌(图 2-1)，造成 8 人死亡、21 人受伤。从收集到的 124 起模板支架坍塌事故案例中(见附录)，选取 10 起较为典型的高大模板支架坍塌事故，事故直接原因见表 2-4。从表 2-4 可以看出，这些典型的坍塌事故均由"人祸"所致。

图 2-1 北京"西西工程"事故现场

较为典型的高大模板支架坍塌事故原因 表 2-4

| 序号 | 项目名称 | 事故时间 | 事故原因 | 搭设高度/m |
|---|---|---|---|---|
| 1 | 南京电视台新演播大厅 | 2000.10.25 | 1. 立杆的双向基本尺寸和步高都偏大<br>2. 大梁下增设了立杆但增设的立杆全都缺少水平连系杆<br>3. 支架底部无扫地杆<br>4. 相邻的连续 5 根立杆的钢管接头对接在同一高度，且未设置剪刀撑<br>5. 大梁底模下未设置必要的均匀分配荷载的横向水平方木 | 36 |
| 2 | 上海某工业厂房锅炉房工程 | 2000.11.16 | 1. 立杆间距过大，步距过长<br>2. 水平杆缺失<br>3. 没有设置连续的竖向和水平剪刀撑 | 16.5 |
| 3 | 深圳盐坝高速公路某高架桥 | 2000.11.27 | 1. 立杆垂直高度误差大<br>2. 部分扣件未拧紧<br>3. 水平杆连接未用搭接方式<br>4. 未设横向剪刀撑<br>5. 纵向剪刀撑数量不足 | 30 |
| 4 | 南阳张仲景山茱萸有限责任公司办公楼工地 | 2004.2.26 | 1. 钢管、扣件使用前未经检测，使用了不合格的产品<br>2. 架体搭设不符合相关规定<br>3. 无施工方案、无审批，违章施工 | 17 |
| 5 | 南京江宁某校区 | 2004.9.1 | 1. 梁下支撑模架立杆间间隔设置单向水平杆<br>2. 水平杆不足 | 18 |
| 6 | 北京"西西工程"4 号地项目 | 2005.9.5 | 1. 顶部立杆伸出水平杆过大<br>2. 扣件螺栓扭紧力矩不足<br>3. 立杆搭接参数不合理<br>4. 缺少剪刀撑<br>5. 水平杆缺失<br>6. 未与周边结构进行可靠拉结<br>7. 钢管壁厚不足<br>8. 部分上碗扣没有扣好 | 21.8 |
| 7 | 厦门同安湾大桥工程 | 2006.8.29 | 1. 立杆对接扣件没有交错布置，扣件扭矩达不到规范要求<br>2. 缺少扫地杆<br>3. 剪刀撑，斜撑不足<br>4. 立杆间距过大<br>5. 部分钢管壁厚不足，钢管垫板尺寸偏小 | 10.4 |
| 8 | 郑州福田太阳城 | 2007.9.6 | 1. 梁下立杆间距过大<br>2. 缺少剪刀撑<br>3. 缺少扫地杆<br>4. 钢管壁厚严重不足<br>5. 浇筑混凝土过程中施工工序错误 | 15.7 |
| 9 | 广西医科大学图书馆二期工程 | 2007.2.12 | 1. 没有设置水平及横向剪刀撑，纵向剪刀撑严重不足<br>2. 连墙件数量和设置方式未达到要求<br>3. 立杆间距不符合要求，步距不合理 | 18 |
| 10 | 哈尔滨黄河公园地下改建工程 | 2009.9.2 | 1. 没有设置剪刀撑<br>2. 扫地杆缺失 | 12 |

施工期模板支架坍塌事故在世界范围内时常发生。Hadipriono 和 Wang（1986）曾对1984 年之前的 23 年间世界上 85 起模板支架的坍塌事故进行过原因分析。此后的 20 多年里，诸如泵送混凝土等施工新技术得到广泛应用，使得模板支架坍塌事故的原因也发生了变化。本书收集了过去 12 年模板支架坍塌事故的相关文献资料，分析事故原因及其对安全性影响，并通过与 Hadipriono 和 Wang(1986)20 多年前分析结论的比较，分析新技术普遍应用情况下模板支架坍塌事故的新特点。

### 2.3.1　调查范围和数据来源

本书收集的 2000 年 1 月至 2012 年 2 月间的事故案例，涉及房建施工、桥梁施工和地下工程施工。调查项目除了事故原因外，还包括永久结构类型、坍塌模板支架的类型、模板支架坍塌的施工阶段、坍塌模板支架的搭设高度和人员伤亡情况等。

按照我国政府的规定，死亡 1 人及以上的安全生产事故必须迅速上报市级及以上人民政府的安全生产监督管理部门，故此类事故的相关信息容易获得；对于没有人员死亡的安全生产事故则无须上报，故此类事故的相关信息难以获得。因此本文收集的事故案例绝大部分是死亡 1 人及以上的模板支架坍塌事故。

原始资料源于 3 个方面，一是公开出版的书籍和公开发表的论文，二是各地安全生产监督管理局和建设委员会下发的事故调查报告和各省市建筑安全监管部门网站上发布的事故分析报告，三是近 2 年来住房和城乡建设部颁发的事故快报。事故案例可分为两类，A类是有事故原因分析的案例，共收集到 77 个（见附录），B 类是只有被破坏的永久结构类型、事故发生的施工阶段和人员伤亡等 3 方面信息的案例，共收集到 47 个。B 类资料有助于进一步全面了解事故的特点和事故的危险性。虽然所收集到的事故案例可能不完整，但作者相信这些事故是近 12 年来我国发生的主要的和重大的模板支架坍塌事故，因此基于这些案例的分析结果具有普遍意义。

### 2.3.2　调查结果

1. 坍塌模板支架的类型

调查的模板支架有扣件式模板支架、碗扣式模板支架、木支架和移动支架，都是我国常用的支架。其中扣件式模板支架和碗扣式模板支架最为常见，所用构件均为 $\phi$48×3.5的钢管，不同之处在于节点的构造不同；木支架的构件为最小直径 70mm 的剥皮杉木和落叶松木，支架通过钢丝绑扎而成；移动支架指可移动的钢支架。A 类事故中，上述 4 类支架所占比例见图 2-2。

图 2-2 表明，在所调查的事故中，扣件式模板支架所占比例最高，其次是木支架。由于统计信息不全，有 20 起事故的支架类型不详。在我国，碗扣式模板支架的使用率接近扣件式模板支架，但事故数却不到扣件式模板支架的 1/7；木支架的使用率大大低于碗扣式模板支架，而事故数却是碗扣式模板支架的 2 倍。可以认为扣件式模板支架和木支架的事故发生率最高，碗扣式模板支架的事故发生率较低。

2. 坍塌模板支架的高度

由于统计信息不全，A 类事故中有 17 起事故的模板支架搭设高度不详，在已知搭设高度的 60 起事故中，模板支架的搭设高度均大于 4m。本文将搭设高度分为 4～8m、8～

15m、15～25m、25m 以上 4 个区间，各区间内坍塌事故所占比例见图 2-3。

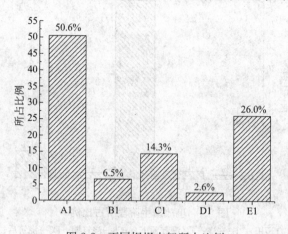

图 2-2　不同坍塌支架所占比例

A1—扣件式；B1—碗扣式；C1—木支架；D1—移动支架；E1—未知

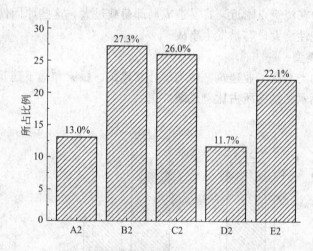

图 2-3　不同搭设高度模板支架所占比例

A2—4～8m；B2—8～15m；C2—15～25m；D2—25m之上；E2—未知

从图 2-3 可以看出，在已知搭设高度的 60 起事故中，坍塌模板支架的搭设高度均在 4m 以上；在 77 起事故中 4～8m 模板支架的坍塌事故占到 13％，8～15m 模板支架的坍塌事故占到 27.3％，所占比例最高，搭设高度在 15～25m 模板支架的坍塌事故占 26％，搭设高度在 25m 以上是模板支架的坍塌事故占到 11.7％。在我国，搭设高度在 4m 以下支架最为常见，但这类低矮支架一般很少发生致人死亡的坍塌事故；搭设高度在 8m 以上的支架数量较少，但其发生事故的概率却较大，可以认为搭设高度越高事故发生率越高。

3. 坍塌事故的发生阶段

模板支架的工作阶段可分为混凝土浇筑前、混凝土浇筑期和混凝土浇筑后 3 个阶段，对于桥梁，混凝土浇筑前需对模板支架进行 1.2 倍标准荷载的预压试验。在 124 起事故中，各坍塌事故工作阶段所占比例见图 2-4。

从图 2-4 可以看出，绝大部分坍塌事故发生在混凝土浇筑期。与混凝土浇筑前和浇筑

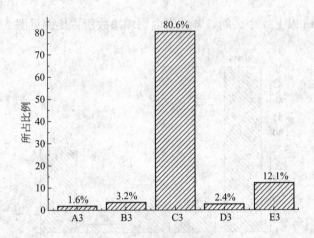

图 2-4 事故发生阶段所占比例

A3—浇筑前(有预压);B3—浇筑前(没有预压);C3—浇筑期;D3—浇筑后;E3—未知

后相比,混凝土浇筑期内施工荷载更为复杂,混凝土荷载为可变荷载,常发生堆载现象,而且施工工人多集中在浇筑点附近,容易造成局部荷载过大。这些原因使得混凝土浇筑期模板支架失稳的可能性增大,容易发生事故。

4. 永久结构的类型

被破坏永久结构类型有工业建筑、住宅、公共建筑、桥梁和地下建筑 5 种。在 124 起事故中,上述被破坏永久结构所占比例见图 2-5。

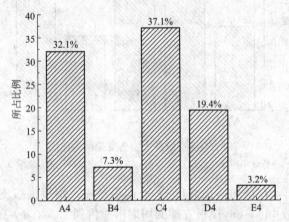

图 2-5 永久结构的类型所占比例(总和)

A4—工业建筑;B4—住宅;C4—公共建筑;D4—桥梁;E4—地下建筑

从图 2-5 可以看出,被破坏公共建筑所占比例最高,超过了 1/3;其次是工业建筑和桥梁;住宅的施工面积最大,但受破坏的住宅所占比例最低。破坏往往由局部构件失去模板支架的支撑而发生,一般不会发生大范围连锁反应。

5. 模板支架坍塌造成的人员伤亡(事故等级)

土建施工属于劳动力密集型产业,在模板支撑体系上工作的工人数量较多,当模板支架坍塌时,工人从高处坠落,容易造成群死群伤。国家安全生产监督总局将安全生产事故分为 4 个级别:特别重大事故(30 人及以上死亡,或者 100 人及以上重伤,或者 1 亿元以上直接经济损失)、重大事故(10~29 人死亡或者 50~99 人重伤,5000 万元以上 1 亿元以下直接经济损失)、较重大事故(3~9 人死亡或者 10~49 人重伤,或者 1000 万元以上 5000 万元以下直接经济损失)和一般事故(1~2 人死亡或者 10 人以下重伤,或者 1000 万元以下直接经济损失)。

由于无法知道直接经济损失,本书主要以死伤人数划分事故级别,对于所有事故案例,各级事故所占比例见图 2-6。

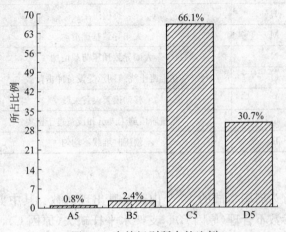

图 2-6 事故级别所占的比例

A5—特别重大事故;B5—重大事故;C5—较重大事故;D5——一般事故

从图 2-6 可以看出,1/3 以上的坍塌事故为较重大及其以上事故,其中特别重大事故发生 1 起,重大事故发生 3 起,说明模板支架坍塌事故对工人的生命安全危害极大。

### 2.3.3 事故原因分析

本文将 77 起 A 类事故的原因分为直接原因和间接原因两大类。直接原因又包括内因和外因,内因指模板支架设计和搭设过程中的人为过失导致的模板支架缺陷;外因指外部触发事件和模板支架使用过程中施工人员的误操作。间接原因指建设单位、施工单位、监理单位和政府监管部门在管理方面所出现的问题,管理不善将诱发事故直接原因的出现。

1. 直接原因分析

导致模板支架坍塌的直接原因归纳为 10 种内因和 8 种外因,见表 2-5。

事 故 直 接 原 因　　　　　　　　　　　　　　　　　表 2-5

| | | 坍塌原因 | 次数 |
|---|---|---|---|
| | | 剪刀撑设置不当 | 37 |
| | A | 支架立杆搭设参数不合理 | 30 |
| | B | 支架水平杆缺失 | 28 |
| | C | 材料达不到标准 | 34 |
| (a) 内因 | D | 节点处理不当 | 25 |
| | E | 立杆底部基础或地基不牢靠 | 29 |
| | F | 支架与永久建筑的连接不足 | 17 |
| | G | | |

| | | 坍塌原因 | 次数 |
|---|---|---|---|
| (a) 内因 | H | 设计不合理 | 23 |
| | I | 搭设偏差过大 | 1 |
| | J | 其他未知原因 | 9 |
| (b) 外因 | K | 混凝土浇筑和振捣方式不正确 | 9 |
| | L | 拆模过早 | 3 |
| | M | 大雨导致基础滑动 | 1 |
| | N | 大雨导致预压荷载增加 | 1 |
| | O | 在混凝土浇筑期承受设备冲击荷载 | 1 |
| | P | 移动模架设备失效 | 1 |
| | Q | 浇筑阶段施工人员和设备过于密集 | 2 |
| | R | 预压时堆载不均匀 | 2 |

(1) 内因分析

表 2-5 的(a)部分为坍塌事故的 10 个内因及其出现次数。其中剪刀撑设置不当(原因 A)、支架立杆搭设参数不合理(原因 B)、支架水平杆缺失(原因 C)、材料达不到标准(原因 D)、节点处理不当(原因 E)、设计不合理(原因 H)、立杆底部基础或地基不牢靠(原因 F)、支架与永久建筑的连接不足(原因 G)是出现频率较高的内因。具体分析如下:

① 剪刀撑设置不当(出现频率近 50%):剪刀撑不但可以传递水平荷载,而且可以大幅度提高模板支架在竖向荷载作用下的极限承载力,是极其重要的杆件,不设或少设剪刀撑将大大降低支架的承载力。

② 支架立杆搭设参数不合理(出现频率近 40%):主要指立杆超出顶层水平杆悬臂长度 $a$ 过大。$a$ 是最为关键的参数,过大的 $a$ 值将大大降低模板支架在竖向荷载作用下的极限承载力,一般情况下合理的 $a$ 值为 0.5m 左右,而发生事故的模板支架的 $a$ 值往往大于 1.0m,比如北京"西西工程"模板支架的 $a$ 值达到了 1.8m。

③ 水平杆缺失(出现频率近 40%):水平杆可以为立杆提供侧向约束,以减小立杆的步距,提高极限承载力,水平杆的缺失将大大降低支架的承载力。

④ 节点处理不当(出现频率超过 30%):出现此类问题的模板支架几乎全部为扣件式模板支架,主要表现为:(1)很多扣件的螺栓因工人责任心差而没有拧紧,或扣件质量差使得螺栓无法拧紧;(2)立杆接长没有采用"对接"方式而是采用"搭接"的方式,导致立杆偏心受压。

⑤ 材料达不到标准(出现频率超过 40%):我国的相关技术标准对构件截面尺寸有明确的规定,发生事故的施工单位使用了截面尺寸低于标准要求的构件,降低了构件承载力。

⑥ 设计不合理:指设计计算错误和构造措施设置不足。

⑦ 支架与永久建筑的连接不足(出现频率超过 20%):此类连接可以抵抗水平力,并给模板支架提供侧向支撑,防止模板支架发生整体倾覆。

⑧ 立杆底部基础或地基不牢靠(出现频率近 40%):在出现此类问题的 29 起事故中,一部分立杆基础下面的地基或基础下面的混凝土板的承载力不足;另一部分立杆悬空,无

法将荷载传递给地基，使其他立杆受力过大。

（2）外因分析

只有 20 起事故有外因，表 2-5 的(b)部分为坍塌事故的外因种类及其出现的次数。其中混凝土浇筑和振捣方式不正确（原因 K）导致的事故最多，不正确的浇筑路线可以导致支架受力不均匀，不正确的振捣方式将产生附加荷载；其次是拆模过早（原因 L），拆模过早使得混凝土构件过早参与工作，因强度过低而破坏；预压时堆载不均匀（原因 R）和浇筑阶段施工人员和设备过于密集（原因 Q）均可造成局部荷载过大；此外，暴雨分别引起两个支架基础滑动和预压荷载增加。除了两起属于设计不考虑的"天灾"外，其他外因均由支架使用过程中人为过失所致。

在 77 起 A 类事故中，有 6 起事故是由外因单独引发，有 14 起事故是在内因和外因共同作用下发生的，其余 57 起事故由多个内因共同作用引发，其中有 3 个以上内因的事故占90%。绝大多数情况下，单单一个内因可能吃掉部分安全系数，并不能导致事故的发生，但是当多个内因的效果累加在一起时，就很可能会使得承载力大幅度降低，发生灾难性后果。

2. 管理方面（间接）原因分析

当前我国建设工程质量监管体系包括代表政府和公众利益的政府质量监管，建设单位及其代表建设单位利益的监理单位对施工单位质量行为和活动的督促监管，以及施工单位质量审核监管 3 个层次。

施工单位是施工的主体，模板支架的设计和搭设均由施工单位负责，绝大部分坍塌事故均与施工单位安全生产管理失控、混乱和安全责任落实不到位有关，具体体现 7 个方面，见表 2-6。其中"施工单位未设专项施工方案/方案未进行论证"（原因 a）出现频率最多，无方案或方案出错致使工人只能按自己的经验或错误的设计方案施工，对于高大模板支架，其安全性往往不满足规范要求；其次是"浇筑混凝土前未对支架进行检查验收"（原因 d），浇筑混凝土前的检查验收是模板支架处于最为危险时期之前的最后改错机会，错过之后再也无法采取措施弥补搭设缺陷；"施工技术人员/工人无资质"（原因 g）和"施工单位擅自改变施工方案"（原因 e）也是出现频率较高的原因，无资质的施工技术人员/工人在设计、搭设和使用过程中容易出现错误，而擅自改变施工方案将无法保证施工方案的合理性；"施工技术人员未对工人进行安全技术交底"（原因 c）会使得工人无法准确理解技术人员的设计意图，"施工单位未对钢管、扣件和碗扣等材料进行质量验收"（原因 b）将会导致不合格构件和节点进入工地。

施工单位管理方面原因 表 2-6

| 代号 | 坍塌原因 | 次数 |
|---|---|---|
| a | 施工单位未设专项施工方案/方案未进行论证 | 30 |
| b | 施工单位未对钢管、扣件和碗扣等材料进行质量验收 | 7 |
| c | 施工技术人员未对工人进行安全技术交底 | 12 |
| d | 浇筑混凝土前未对支架进行检查验收 | 21 |
| e | 施工单位擅自改变施工方案 | 17 |
| f | 支架预压试验不当或未进行预压试验 | 2 |
| g | 施工技术人员/工人无资质 | 17 |
| h | 其他未知原因 | 12 |

有 10 起事故与建设单位违规组织工程建设有关，主要体现在以下方面：(1)层层转包工程项目，使得施工单位的利润过低，不得不偷工减料；(2)压缩合理的施工工期，造成一些必要的安全和质量管理措施无法落实。有一半以上的坍塌事故与监理的失职有关，体现在以下方面：(1)没有或没有认真审查施工方案；(2)对模板支架的搭设质量没有或没有认真检查；(3)聘用无资质的人员参与监理工作。政府监管的过失在于没有及时查处施工方、建设方、监理方的违规行为，77 个事故案例中有 13 起与之有关。

### 2.3.4　我国近 12 年模板支架坍塌事故的特点

通过与 Hadipriono 和 Wang（1986）的调查结果相比较，可以发现我国坍塌事故有以下特点：

(1)我国坍塌事故除 2 起是由"天灾"导致外，绝大多数是由"人祸"导致。在管理方面，参建的建设单位、监理单位、施工单位均存在较为严重的过失，几乎所有事故都与施工单位安全质量管理有关，有一半以上的事故与监理公司不负责有关。

在 Hadipriono 和 Wang（1986）的调查中，10％的事故由大雨、洪水等设计不考虑的天灾引发，管理方面原因多集中在支架的设计/施工方案的审查不足以及浇筑混凝土时缺少视察等两个方面，没有我国牵扯面如此之广的管理方面原因。

(2)我国多数坍塌事故由 3 个以上的内因导致，多个搭设质量问题共同作用使得承载力大幅度降低，吃掉了安全系数。在 Hadipriono 和 Wang（1986）的调查中，绝大多数事故只有一个内因。说明我国的模板支架的搭设质量问题很多，与国外发达国家相比，差距较大。

(3)在泵送混凝土这一新技术没有得到应用的条件下，局部过快的浇筑速度对模板产生较大的侧向压力，有时会发生模板爆模现象。在 Hadipriono 和 Wang（1986）的调查的 85起事故中，有 27 个工地发生爆模，刚刚浇筑的混凝土掉落在模板支撑体系上，引起模板支架坍塌。使用泵送混凝土施工技术后，可以较为连续和均匀地运送和浇筑混凝土，此类事故已很少发生；但泵送混凝土时往往无法做到对称浇筑，使得支架受力不均，另外混凝土泵管的往复运动对模板支架会产生水平冲击荷载。在本书所分析的案例中，与泵送混凝土有关的坍塌事故有 9 起。

(4)我国对支架的构造措施不重视，剪刀撑、水平杆和与永久建筑的连接是主要的构造措施，由于设计时没有要求进行验算，因而没有得到重视，在这一点上本文的分析结果和 Hadipriono 和 Wang（1986）的调查结果一致。

(5)我国几乎所有坍塌的扣件式模板支架都存在扣件质量不合格或螺栓没有拧紧的现象，节点的质量问题是导致此类支架事故率高的主要原因。

## 2.4　我国高大模板支撑体系设计和施工中存在的问题

### 2.4.1　荷载方面

对混凝土浇筑期施工荷载的特殊性认识不足，相关规范没有专门针对这一时期的设计方法。

我国近 12 年 80％以上模板支撑体系的坍塌事故发生在混凝土浇筑期，2005 年到 2008 年所发生的 27 起一次死亡 3 人以上高大模板支架垮塌事故，无一例外，均发生在混凝土浇筑期；美国 1960 年到 1983 年所发生的 85 起模板支架垮塌事故，除去洪水、泥石流等偶然发生的自然灾害等导致的事故外，绝大多数发生在混凝土浇筑期；我国台湾大多数施工中的结构垮塌事故也发生在混凝土浇筑期。混凝土浇筑期已经成为高大模板支架的最为危险的时期。

在混凝土浇筑期内，作用在模板支架上的荷载与混凝土浇筑前和浇筑后有很大的不同。这主要体现在以下 3 个方面：(1)混凝土荷载从无到有，不再是永久荷载，而应视为可变荷载；(2)模板支架承受了除风荷载以外的其他水平荷载；(3)布料杆及其配重使得模板面上存在局部堆载现象。总之，混凝土浇筑期模板支架的受力复杂而特殊，不但承受了不均匀的竖向荷载，而且承受了可观的水平荷载。

我国高大模板支架混凝土浇筑期承受了哪些荷载？其标准值是多少？这些荷载对极限承载力有多大的影响？这些都是亟待研究解决的问题。

### 2.4.2 极限承载力方面

扣件式模板支架的事故发生率最大，而我国相关研究不足，我国规范中极限承载力的计算方法源自英国规范，而英国规范的检查验收标准高于我国规范，此外英国规范中极限承载力的计算方法是否适用于高大模板支架还值得商榷。

模板支架为复杂的临时结构，对搭设材料和搭设质量要求较低，节点为拼装式节点，与普通钢结构承载力计算的不同之处在于，要考虑立杆的初始弯曲、搭设偏差和半刚性节点等因素，致使极限承载力的计算较为复杂。有必要系统研究搭设参数和受力模式对支架极限承载力的影响，提出便于施工人员掌握的计算方法。

### 2.4.3 设计方法和检查验收方面

设计安全度水平偏低。《建筑施工模板安全技术规范》(JGJ 162—2008)中的安全度水平不但低于国外标准，而且低于脚手架设计安全标准，不符合我国《工程结构可靠度设计统一标准》(GB 50153—2008)的规定。在检查验收方面，我国规范较为笼统，没有根据施工临时性结构的特点给出具体而详细的检查验收标准。

### 2.4.4 人为过失的应对方面

支架搭设和使用过程中存在多种人为过失。学术界称所有达不到有关规范、标准、规程要求的行为与结果为"人为过失"。近 12 年的事故分析调查表明，人为过失是造成此类工程事故的首要原因。作者的调查表明，不管是在模板支架的搭设阶段还是在混凝土浇筑期，人为过失普遍存在。这些人为过失降低了模板支架的安全性，使得模板支架事故发生的概率大大增加。如何在人为过失调查的基础上提出人为过失的应对措施，是一个急需解决的问题。

# 本 篇 参 考 文 献

[1] Code of practice for falsework(BS5975-95) [S].

[2] Design Loads on Structure During Construction (SEI/ASCE 37-02) [S].

[3] 陈骥. 钢结构稳定理论与设计 [M]. 北京：科学出版社，2006.

[4] JGJ 130—2011，建筑施工扣件式钢管脚手架安全技术规范 [S]. 北京：中国建筑工业出版社，2011.

[5] JGJ 128—2010，建筑施工门式钢管脚手架安全技术规范 [S]. 北京：中国建筑工业出版社，2010.

[6] GJ 231—2010，建筑施工承插型盘扣式钢管支架安全技术规程 [S]. 北京：光明日报出版社，2010.

[7] 阴可，黄强. 插销式钢管脚手架节点焊缝裂纹稳定性分析 [J]. 重庆建筑大学学报，2007，29(5)：80-84.

[8] JGJ 162—2008，建筑施工模板安全技术规范 [S]. 北京：中国建筑工业出版社，2008.

[9] 北京交通大学研究报告. 超高模板支架的安全性研究 [R]. 2007.

[10] GB 50153—2008，工程结构可靠度设计统一标准 [S]. 北京：中国建筑工业出版社，2008.

[11] 谢楠，李鸿飞. 英美规范在模板支架安全技术方面的规定及启示 [J]. 施工技术，2010，39(4)：52-54.

[12] 梁仁钟，谢楠. 当前我国模板支架安全性现状分析 [J]. 工业安全与环保，2010，36(8)：36-40.

[13] F. C. Hadipriono, H. K. Wang. Analysis of Causes of Formwork Failures in Concrete Structures [J]. Journal of Construction Engineering and Management，ASCE，1986，112(1)：112-121.

[14] 杜荣军. 建筑施工安全手册 [M]. 北京：中国建筑工业出版社，2007：570-580.

[15] 住房和城乡建设部工程质量安全监管司. 建筑施工安全施工案例分析 [M]. 北京：中国建筑工业出版社，2010.

[16] 事故快报 [OL]. 中华人民共和国住房与城乡建设部官网. http://www.mohurd.gov.cn/，2010-1-4～2012-1-19.

[17] 住房和城乡建设部质安司安全处统计资料，2010.

[18] 徐茂波，徐峰，刘西拉. 施工中人因差错调查 [J]. 中国安全科学学报，2006，16(7)：38-44.

[19] 刘西拉. 结构工程学科的现状与展望 [M]. 北京：人民交通出版社，1997.

[20] 北京市工程质量安全监督站. "9·5"重大生产安全事故调查报告，2005.

[21] 刘家彬，郭正兴. 扣件钢管架支模的安全性 [J]. 施工技术，2002，31(3)：9-11.

[22] 赵国藩，贡金鑫，赵尚传. 工程结构生命全过程可靠度 [M]. 北京：中国铁道出版社，2004.

[23] J. L. Peng, S. L. Chan, C. L. Wu. Effects of Geometrical Shape and Incremental Loads on Scaffold Systems [J]. Journal of Constructional Steel Research，2007，63(4)：448-459.

# 第 2 篇

# 承载力、荷载与设计方法

# 第3章　扣件式模板支架极限承载力的计算方法

精确合理的计算方法是研究极限承载力的基础，本章以西安建筑科技大学完成的5个真架试验结果为衡量标准，提出计算模型，并讨论计算模型的精度。

## 3.1　扣件式模板支架的特点

### 3.1.1　半刚性节点

在扣件式模板支架中，横杆与立杆之间的直角扣件连接属于介于刚接和铰接之间的半刚性连接。

### 3.1.2　节点附近各方向杆件不对中

根据规范的相关规定，斜向剪刀撑的旋转扣件的中心点距主节点150mm，立杆轴线和水平杆轴线之间有53mm间距，节点附近模板支架各杆位置如图3-1所示。

图 3-1　节点附近各杆件示意图

## 3.2　极限承载力的计算方法

### 3.2.1　临界荷载

临界荷载是无几何缺陷和残余应力的理想条件下结构发生线性屈曲时所能承受的荷载。假设结构在受载变形过程中结构构形无变化，而当屈曲发生时，结构构形才会突然跳到另一平衡位置，其屈曲判断准则为：

$$|K_T|=0 \tag{3-1}$$

即

$$|K_0+\lambda K_G|=0 \tag{3-2}$$

式中　$K_T$——结构的切线刚度矩阵；

$K_0$——初始刚度矩阵；

$K_G$——几何刚度矩阵；

$\lambda$——屈曲特征值。

对于式(3-2)，理论上存在 $n$ 个特征值 $\lambda_1$、$\lambda_2$、…、$\lambda_n$。但对于工程问题，只有最小特征值才有实际意义，故将最小特征值设为 $\lambda_{cr}$，临界荷载 $P_{cr}$ 等于 $\lambda_{cr}P$，$P$ 为作用荷载；与 $\lambda_{cr}$ 对应的特征向量一般称为失稳模态，可以表征结构的失稳特征。

### 3.2.2　极限承载力

由于任何钢结构均存在几何缺陷和残余应力，因此理想结构不存在，临界荷载大于结构实际的极限承载力。

对于非线性分析，结构的力学方程可以写成：

$$[K(x)]\{X\}=\{P\} \tag{3-3}$$

式中　$[K(x)]$——结构总刚度矩阵，是节点位移的函数；

$\{X\}$——节点位移列向量；

$\{P\}$——荷载列向量。

将经轴向受压理想结构特征值屈曲分析后得到的一阶特征向量视为初始几何缺陷，采用通用有限元软件 ANSYS 进行计算时，用梁单元 Beam188 来模拟钢管。经试算和比较，发现弧长法可以有效地求解考虑几何及材料非线性的力学方程。迭代过程中结构所能承受的最大荷载即为极限承载力。

### 3.2.3　节点的力学模型

较为普遍的节点连接模型有刚性连接和铰接两种。刚性连接的假定，不仅意味着受载变形后，水平杆和立杆间的夹角保持不变，相邻构件间的位移和转角完全是连续的，而且意味着水平杆杆端弯矩在节点上和与该点相交的所有杆件按刚度分配。相反，理想铰接的假定，则意味着水平杆和立杆之间不能传递弯矩，即水平杆和立杆发生的转动是相互独立的。

实际工程中，模板支架杆件之间的接长多采用对接扣件，可按刚接考虑；立杆和纵横水平杆之间采用直角扣件连接，直角扣件允许一定的转动，不应看作刚性连接，但允许节点承受弯矩，也不是铰接，因此应该处理成半刚性连接。半刚性节点就是指介于完全刚性连接和理想铰接之间的连接，可以部分地传递弯矩。

本书采用如下思路来模拟半刚性节点：节点处设置 3 个重合节点，如图 3-2 所示，节

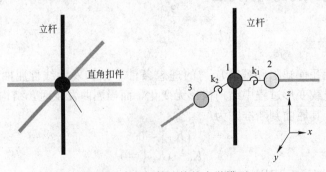

图 3-2　直角扣件连接的力学模型

点 1 在立杆上，节点 2 在 $x$ 方向的水平杆上，节点 3 在 $y$ 方向的水平杆上。节点 1、2、3 的 3 个平动自由度和一个沿立杆轴向的转动自由度相同，节点 1 和节点 2 之间设扭转弹簧，节点 1 和节点 3 之间设扭转弹簧单元，以约束纵横水平杆的单向转动。此模型的关键问题是半刚性节点抗扭刚度的确定。

由我国的一些试验结果及《钢管脚手架扣件》(GB 15831—1995)的规定，结合《建筑施工扣件式钢管脚手架安全技术规范》(JGJ 130—2011)，可以得出合格扣件的抗扭刚度应为 $(225.3 \sim 589.2) \mathrm{N \cdot m}/(°)$。

### 3.2.4 荷载与约束的施加

在建模计算过程中，本文假设荷载平均作用于模型顶部所有节点，即以立杆超出顶层水平杆部分的端点为荷载作用点。底部所有节点只约束 3 个方向的平动自由度；考虑到模板支架和周围建筑之间的联系，顶部一个角点约束水平方向的两个平动自由度。

### 3.2.5 材料本构关系

一个力学问题需要满足 3 个条件：平衡条件、几何条件以及材料的本构关系。在平衡条件中，建立的方程可以将一个物体内部的应力与作用在物体表面的外力联系起来，在非线性问题中，这些方程通常含有应力和位移。在几何条件中，建立的方程可以将物体内部的应变与物体的位移联系起来。应力和应变关系把平衡方程条件和几何方程条件联系起来，由这 3 种条件建立的方程可以得出极限承载力。对于钢管模板支架，杆件假定为理想弹塑性材料。

## 3.3 试验结果

西安建筑科技大学对扣件式模板支架进行了 5 种不同搭设方式的真架试验，试验布置见图 3-3。试验模型的参数如表 3-1 所示，扫地杆距地面为 0.15m，立杆超出顶层水平杆长度 $a$ 为 0.1m，剪刀撑的布置见图 3-4。钢管规格与现场抽检的尺寸保持一致，为 $\phi 48 \times 3.21$mm。

图 3-3 试验布置图

| 试验模型参数设置(m) | | | | 表 3-1 | |
| --- | --- | --- | --- | --- | --- |
| 搭设方式 | 纵距 | 横距 | 步距 | 竖向剪刀撑 | |
| | | | | 纵向 | 横向 |
| 1 | 1.16 | 1.2 | 1.436 | 无 | 无 |
| 2 | 1.16 | 1.2 | 1.436 | 无 | 有 |
| 3 | 1.16 | 1.2 | 1.436 | 有 | 有 |
| 4 | 1.16 | 1.2 | 1.148 | 有 | 有 |
| 5 | 0.9 | 1.2 | 1.148 | 有 | 有 |

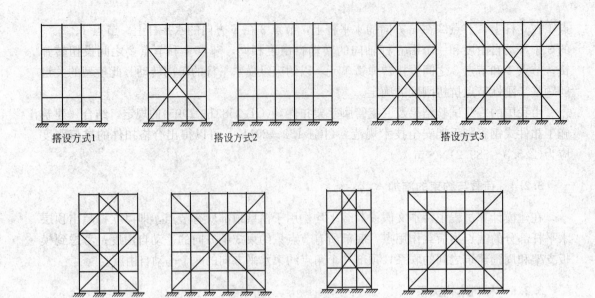

搭设方式1　　　　　　搭设方式2　　　　　　　　搭设方式3

搭设方式4　　　　　　　搭设方式5

图 3-4　剪刀撑的布置

按表 3-1 所示采用 5 种不同的搭设方式搭设支架，对支架施加竖向荷载，直至失稳破坏。失稳时第 1 种、第 2 种搭设方式的失稳模态为"半波屈曲"，第 3 种、第 4 种和第 5 种搭设方式的失稳模态为"S 形屈曲"，极限承载力见表 3-2。

不同搭设方式搭设支架的极限承载力（kN）　　　　　　表 3-2

| 搭设方式 | 1 | 2 | 3 | 4 | 5 |
| --- | --- | --- | --- | --- | --- |
| 极限承载力 | 38.16 | 41.59 | 86.85 | 94.78 | 118.18 |

## 3.4　计算模型及其精度

用仿真模型进行分析时，尤其是进行非线性分析时，存在单元数量过多和计算量过大的问题，所以有必要对计算模型进行简化。

### 3.4.1　简化方法

简化方法如下：

（1）忽略立杆轴线和水平杆轴线之间 53mm 的间距；

（2）忽略斜向剪刀撑的旋转扣件距主节点 150mm 的间距；

（3）按初始弯曲率 1/1000 来模拟立杆的基本初始缺陷；

（4）用半刚性节点模拟扣件的力学特性，笔者的研究表明，在抗扭刚度为（225～589.2）N·m/（°）的范围内，半刚性节点的抗扭刚度对稳定极限承载力有一定的影响，但影响不显著，故扭簧的扭转刚度取平均值，为 400N·m/（°）。

### 3.4.2　失稳模态

按试验模型的搭设参数和构造措施建立计算模型，计算了 5 个支架的失稳模态，见图 3-5。

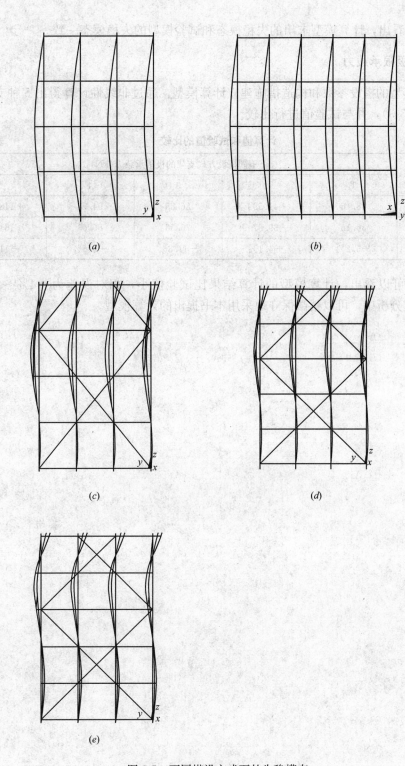

图 3-5  不同搭设方式下的失稳模态

(a)第 1 种搭设方式;(b)第 2 种搭设方式;(c)第 3 种搭设方式;

(d)第 4 种搭设方式;(e)第 5 种搭设方式

从图 3-5 可以看出，计算模型求出的失稳模态和试验模型的失稳模态一致。

### 3.4.3 极限承载力

按试验模型的搭设参数和构造措施建立计算模型，通过非线性计算得出 5 种支架的极限承载力(表 3-3)，并与试验值进行比较。

计算值和试验值的比较 表 3-3

| 比较类型 | 不同搭设方式支架的极限承载力(kN) | | | | |
|---|---|---|---|---|---|
| | 1 | 2 | 3 | 4 | 5 |
| 试验值 | 38.16 | 41.59 | 86.85 | 94.78 | 118.18 |
| 计算模型 | 36.16 | 39.87 | 76.56 | 86.63 | 104.76 |
| 相对误差 | −5.2% | −4.1% | −11.8% | −8.6% | −11.3% |

从表 3-3 可以看出，计算模型的计算结果比试验值小，相对误差为−4%～−12%，在以后的计算分析中，可以稍微保守地采用本书提出的计算模型。

# 第 4 章　模板支架的失稳特性和极限承载力研究

本章采用第 3 章提出的简化计算模型，从混凝土浇筑期荷载的特点、构造措施和搭设参数等方面，分析其对模板支架的失稳特性和极限承载力的影响。

## 4.1　局部加载对模板支架极限承载力的影响

采用 8 步 8 跨的计算模型，立杆间距为 1.2m，步距 1.2m，$a$ 为 0.2m，剪刀撑的形式如图 4-1 和图 4-2 所示，其中水平剪刀撑每 4 步设置一道，竖向剪刀撑每 4 跨设置一道，双向设置，初始弯曲率取 1‰。依次在立杆顶端施加 1/4、2/4、3/4 和 4/4 竖向荷载，如图 4-3 所示。计算结果见表 4-1。

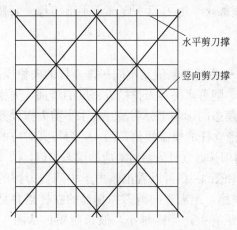

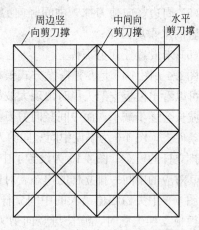

图 4-1　支架竖向剪刀撑的布置　　　　　　　图 4-2　支架水平剪刀撑的布置

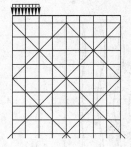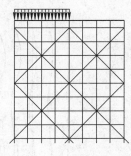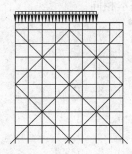

图 4-3　局部加载方式

局部加载时模板支架的极限承载力(kN)　　　　　　　　　　　　表 4-1

| 加载方式 | 1/4 荷载 | 2/4 荷载 | 3/4 荷载 | 4/4 荷载 |
|---|---|---|---|---|
| 极限承载力 | 89.09 | 84.03 | 83.16 | 79.70 |

根据表 4-1 所列的计算结果，可以发现，荷载的不均匀性对模板支架极限承载力的影响不明显，荷载满布情况为模板支架的最不利荷载布置，因此研究满布荷载情况下的极限承载力最具代表性。

## 4.2 竖向荷载作用下构造措施对模板支架失稳特性和极限承载力的影响

构造措施主要是指竖向剪刀撑和水平剪刀撑的设置。采用 8 步 8 跨的计算模型，立杆间距为 1.2m，步距 1.2m，$a$ 为 0.2m，初始弯曲率为 1‰。

### 4.2.1 构造措施对支架失稳模态的影响

分别计算了以下搭设方式下的失稳模态：
(1) 周边竖向剪刀撑＋顶部水平剪刀撑＋底部水平剪刀撑；
(2) 周边竖向剪刀撑＋顶部水平剪刀撑＋底部水平剪刀撑＋每隔 4 步设置的水平剪刀撑；
(3) 周边竖向剪刀撑＋顶部水平剪刀撑＋底部水平剪刀撑＋每隔 2 步设置的水平剪刀撑；
(4) 周边竖向剪刀撑＋中间竖向剪刀撑＋顶部水平剪刀撑＋底部水平剪刀撑；
(5) 周边竖向剪刀撑＋中间竖向剪刀撑＋顶部水平剪刀撑＋底部水平剪刀撑＋每隔 2 步设置的水平剪刀撑；
(6) 未设置任何剪刀撑。

图 4-4～图 4-15 是 6 种搭设方式模板支架的失稳模态幅值及中间一排立杆的失稳模态，从中可以看出模板支架失稳时出现大波鼓曲现象，随着水平剪刀撑搭设密度的增加，失稳鼓曲的波长会逐步减小，而中间竖向剪刀撑对失稳模态的影响十分明显。在水平剪力撑设置相同的条件下，图 4-6 为不设中间竖向剪刀撑时失稳立杆的模态幅值，图 4-7 为与其对应的中间一排立杆的模态；图 4-10 为设置了中间竖向剪刀撑时立杆失稳时对应的模态幅值，图 4-11 为与其对应的中间一排立杆的模态。对比图 4-6 和图 4-10 可以看出，由于中间剪刀撑的设置，图 4-6 中失稳幅值最大的中间立杆并没有失稳，距离竖向剪刀撑越远的立杆越容易失稳；模板支架失稳时，波长与竖向剪刀撑的间距有关，间距越小，波长越短；从图 4-14 和图 4-15 可以看出，当不设任何剪刀撑时，模板支架失稳波长最大，为结构的高度，所有立杆失稳模态幅值基本相同。

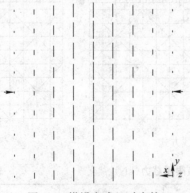

图 4-4 搭设方式 1 对应的
立杆失稳模态幅值

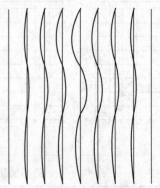

图 4-5 搭设方式 1 对应的中间
一排立杆的失稳模态

图 4-6　搭设方式 2 对应的立杆
失稳模态幅值

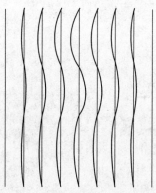

图 4-7　搭设方式 2 对应的
中间一排立杆的失稳模态

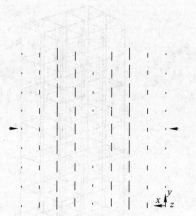

图 4-8　搭设方式 3 对应的立杆
失稳模态幅值

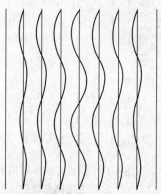

图 4-9　搭设方式 3 对应的中
间一排立杆的失稳模态

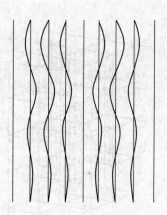

图 4-10　搭设方式 4 对应的立
杆失稳模态幅值

图 4-11　搭设方式 4 对应的
中间一排立杆的失稳模态

图 4-12  搭设方式 5 对应的
立杆失稳模态幅值

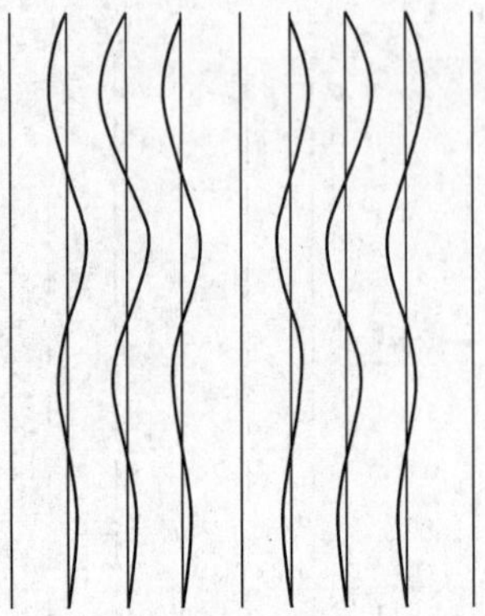

图 4-13  搭设方式 5 对应的
中间一排立杆的失稳模态

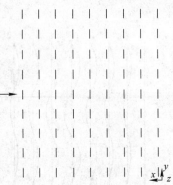

图 4-14  搭设方式 6 对应的
立杆失稳模态幅值

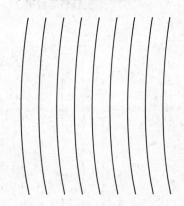

图4-15  搭设方式 6 对应的中间
一排立杆的失稳模态

图 4-16 为设置了中间竖向剪刀撑和中间水平剪刀撑的支架整体失稳示意图，波长为两个步距，图 4-17 为中间竖向剪刀撑拆除后的支架整体失稳示意图，波长大于两个步距。

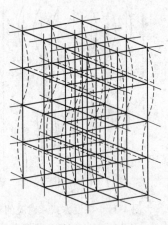

图 4-16  设置了中间竖向剪刀撑的
模板支架整体失稳示意图

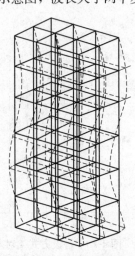

图 4-17  未设置中间竖向剪刀
撑的模板支架整体失稳示意图

### 4.2.2 构造措施对支架极限承载力的影响

取本章 4.1 小节的支架（8 跨）为基本研究对象，计算具有完备构造措施（每 4 步设置一道水平剪刀撑，每 4 跨设置一道竖向剪刀撑，双向设置）、有部分构造措施和无构造措施等 4 种情况下支架的极限承载力，所得结果见表 4-2。

不同构造措施下支架的极限承载力                                             表 4-2

| 构造措施 | | | 极限承载力（kN） | 下降幅度（%） |
| --- | --- | --- | --- | --- |
| 竖向剪刀撑 | | 水平剪刀撑 | | |
| 横向 | 纵向 | | | |
| 有 | 有 | 有 | 79.70 | 0.0 |
| 有 | 有 | 无 | 69.61 | 14.5 |
| 有 | 无 | 无 | 39.56 | 50.4 |
| 无 | 无 | 无 | 35.62 | 55.3 |

由表 4-2 可看出，无水平剪刀撑时，极限承载力降低了 14.5%，当两个方向均没有设竖向剪刀撑时，极限承载力明显降低，降幅达到了 55.3%，而即使在一个方向增设了竖向剪刀撑，也仅能提高极限承载力 5%。所以双方向设置竖向剪刀撑是提高极限承载力的重要措施。

### 4.2.3 竖向剪刀撑间距对支架失稳特性的影响

将 4.1 小节的支架（8 跨）的跨数增加为 12 跨，其竖向剪刀撑和水平剪刀撑的布置见图 4-18 和图 4-19。

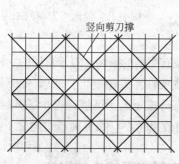

图 4-18  12 跨模板支架竖向剪刀撑的布置

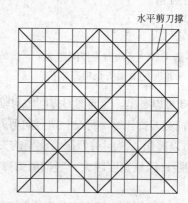

图 4-19  12 跨模板支架水平剪刀撑的布置

竖向剪刀撑间距分别取 6 跨和 4 跨，计算了不同立杆间距时的临界荷载，见表 4-3。

12 跨模型中间竖向剪刀撑不同间距时的临界荷载                              表 4-3

| 步距 $h$(m) | 临界荷载（kN） | | 6 跨支架比 4 跨支架临界荷载的减少率（%） |
| --- | --- | --- | --- |
| | 中间竖向撑间距 6 跨 | 中间竖向撑间距 4 跨 | |
| 0.8 | 96.89 | 124.70 | 22.3 |
| 0.9 | 86.51 | 116.76 | 25.9 |

| 步距 $h$(m) | 临界荷载(kN) | | 6 跨支架比 4 跨支架临界荷载的减少率(%) |
|---|---|---|---|
| | 中间竖向撑间距 6 跨 | 中间竖向撑间距 4 跨 | |
| 1 | 82.98 | 112.35 | 26.1 |
| 1.1 | 80.58 | 104.28 | 22.7 |
| 1.2 | 77.52 | 97.46 | 20.5 |
| 1.3 | 71.96 | 91.96 | 21.7 |
| 1.4 | 66.92 | 87.57 | 23.6 |
| 1.5 | 62.67 | 84.07 | 25.5 |

注：立杆间距 1.2m，顶、底超出段长度均为 0.2m，水平剪刀撑间距 4 跨。

以步距为 1.2m 的支架为例，不同竖向剪刀撑间距支架的失稳模态振幅见图 4-20 和图 4-21。

图 4-20　竖向剪刀撑间距为　　　　　　图 4-21　竖向剪刀撑间距为
4 跨时的支架失稳模态幅值　　　　　　6 跨时的支架失稳模态幅值

从表 4-3 可以看出，竖向剪刀撑间距对临界荷载有明显的影响，对于常用的立杆步距，每 6 跨设一道竖向剪刀撑比每 4 跨设一道竖向剪刀撑的支架临界荷载降低了 20%～26%。从图 4-20 和图 4-21 可以看出，竖向剪刀撑将支架的失稳模态分成了若干区域，每个区域的宽度为竖向剪刀撑的间距；区域宽度越大，竖向剪刀撑的作用效果越小，临界荷载也随之下降。

## 4.3　竖向荷载作用下搭设参数对模板支架失稳特性的影响

本节主要讨论立杆步距 $h$、立杆超出顶层水平杆的长度 $a$、立杆间距、模板搭设高度和搭设面积对失稳特性的影响。分析时，以 4.1 小节的模板支架(其中，中间水平剪刀撑间距 4 步，竖向剪刀撑间距 4 跨)为分析比较的基准。

### 4.3.1　立杆步距和立杆超出顶层水平杆长度对失稳特性的影响

1. $h$ 对失稳特性的影响

对于给定的 $a$ 值，讨论 $h$ 对极限承载力的影响。以 $a$ 值为 0.3m 为例，分别计算了 $h$

从 0.8～1.8m 时对应的临界荷载，见表 4-4；通过对不同立杆步距模板支架失稳模态的分析，发现步距的变化对失稳模态的影响很小，失稳模态仍可用图 4-16 表示。

不同步距 $h$ 对应的临界荷载                             表 4-4

| 步距 $h$(m) | 0.8 | 0.9 | 1.0 | 1.1 | 1.2 | 1.3 | 1.4 | 1.5 | 1.6 | 1.7 | 1.8 |
|---|---|---|---|---|---|---|---|---|---|---|---|
| 临界荷载(kN) | 99.70 | 95.66 | 91.36 | 86.90 | 82.66 | 78.9 | 75.67 | 72.91 | 70.52 | 68.38 | 66.37 |

从表 4-4 可以看出，立杆步距对模板支架的临界荷载有明显的影响，临界荷载随着步距的增加明显降低。

2. $a$ 对失稳特性的影响

对于给定的 $h$ 值，讨论 $a$ 对极限承载力的影响，以 $h$ 值为 1.2m 为例，分别计算了 $a$ 从 0.3～1.0m 时对应的临界荷载，见表 4-5。不同立杆伸出顶层水平杆长度 $a$ 对应的支架失稳模态见图 4-22。

不同 $a$ 对应的临界荷载                             表 4-5

| $a$(m) | 0.3 | 0.4 | 0.5 | 0.6 | 0.7 | 0.8 | 0.9 | 1.0 |
|---|---|---|---|---|---|---|---|---|
| 临界荷载(kN) | 82.66 | 72.82 | 62.86 | 53.88 | 46.21 | 39.83 | 34.54 | 30.16 |

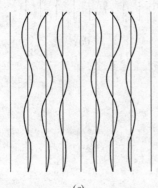
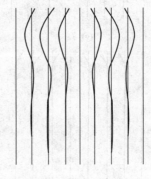

(a)                                          (b)

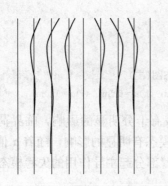
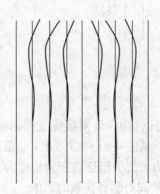

(c)                                          (d)

图 4-22  失稳模态图(一)
(a)$a$=0.2m；(b)$a$=0.3m；(c)$a$=0.4m；(d)$a$=0.5m

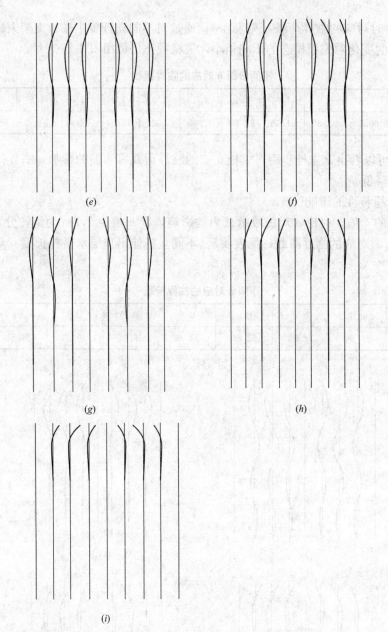

图 4-22　失稳模态图(二)

(e)a=0.6m；(f)a=0.7m；(g)a=0.8m；(h)a=0.9m；(i)a=1.0m

从表 4-5 可以看出，$a$ 对模板支架的临界荷载有十分明显的影响，临界荷载随 $a$ 值的增加明显降低。从图 4-22 可以看出，$a$ 值对失稳模态有明显的影响，随着 $a$ 值的增加，失稳从比较均匀的大波失稳逐渐变为长度为 $a$ 的悬臂部分起主导作用的失稳模态。

3. $h$ 和 $a$ 共同对临界荷载的影响

为了分析 $h$ 和 $a$ 共同对临界荷载产生的影响，本章计算了 $h$ 从 1.0~1.8m、$a$ 从 0.3~1.0m 时支架的临界荷载，见表 4-6。临界荷载与 $a$ 的关系、临界荷载与 $h$ 的关系分别见图 4-23 和图 4-24。

| 临界荷载(kN) | | | | | | | | | | | 表 4-6 |
|---|---|---|---|---|---|---|---|---|---|---|---|
| $h$(m)　　 $a$(m) | 0.8 | 0.9 | 1.0 | 1.1 | 1.2 | 1.3 | 1.4 | 1.5 | 1.6 | 1.7 | 1.8 |
| 0.3 | 99.70 | 95.66 | 91.36 | 86.90 | 82.66 | 78.9 | 75.67 | 72.91 | 70.52 | 68.38 | 66.37 |
| 0.4 | 84.33 | 81.36 | 78.49 | 75.61 | 72.82 | 70.22 | 67.84 | 65.69 | 63.73 | 61.9 | 60.13 |
| 0.5 | 70.80 | 68.66 | 66.67 | 64.74 | 62.86 | 61.06 | 59.37 | 57.77 | 56.26 | 54.81 | 53.39 |
| 0.6 | | | 56.55 | 5.19 | 53.88 | 52.61 | 51.39 | 50.22 | 49.08 | 47.97 | 46.88 |
| 0.7 | | | 48.15 | 47.16 | 46.21 | 45.29 | 44.4 | 43.52 | 42.67 | 41.83 | 40.99 |
| 0.8 | | | 41.27 | 40.54 | 39.83 | 39.14 | 38.46 | 37.8 | 37.15 | 36.5 | 35.86 |
| 0.9 | | | 35.65 | 35.08 | 34.54 | 34.01 | 33.49 | 32.98 | 32.48 | 31.97 | 31.47 |
| 1 | | | 31.04 | 30.59 | 30.16 | 29.75 | 29.34 | 28.94 | 28.54 | 28.14 | 27.75 |

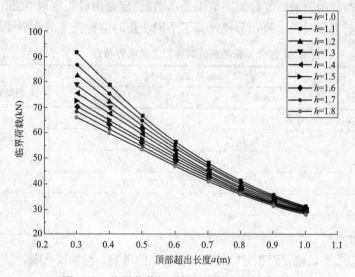

图 4-23　临界荷载与顶部超出长度 $a$ 的关系图

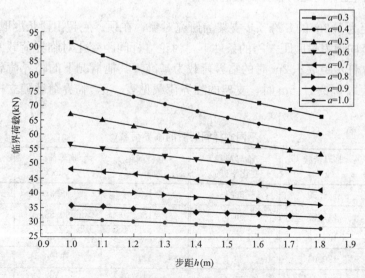

图 4-24　临界荷载与立杆步距 $h$ 的关系图

43

从图 4-23 和图 4-24 可以看出，临界荷载与 $h$ 和 $a$ 成非线性关系。采用非线性回归方法，拟合出临界荷载和 $h$、$a$ 的关系表达式，见下式：

$$P_{cr} = 138.8 + 43.2a^2 + 4.7h^2 - 125.1a - 26.6h \quad (4-1)$$

为了考虑小步距对临界荷载的影响，本章另外计算了 $h$ 从 $0.8 \sim 0.9$m，$a$ 从 $0.3 \sim 0.5$m 时极限承载力（表 4-6）。采用非线性回归方法，拟合出临界荷载和 $h$、$a$ 的关系表达式，见下式：

$$P_{cr} = 100.3 + 61.5a^2 - 37.7h^2 - 149.1a + 42.3h \quad (4-2)$$

### 4.3.2 搭设面积对临界荷载的影响

以搭设面积不同的 8 跨 8 步支架和 12 跨 8 步支架为研究对象，讨论在其他搭设参数和构造措施（立杆步距、间距、$a$、竖向剪刀撑间距和水平向剪刀撑间距）相同的条件下，搭设面积对临界荷载的影响。立杆间距取 1.2m，顶、底超出段长度取 0.2m，水平剪刀撑间距 4 步，竖向剪刀撑间距 4 跨，分别计算了不同步距时两种支架的临界荷载，见表 4-7。

搭设面积不同的两种支架的临界荷载 表 4-7

| 步距(m) | 临界荷载(kN) | | 12 跨支架比 8 跨支架临界荷载的增加率(%) |
| --- | --- | --- | --- |
| | 8 跨支架 | 12 跨支架 | |
| 1 | 108.13 | 112.35 | 3.9 |
| 1.1 | 98.31 | 104.28 | 6.1 |
| 1.2 | 90.55 | 97.46 | 7.6 |
| 1.3 | 85.53 | 91.96 | 7.5 |
| 1.4 | 81.47 | 87.57 | 7.5 |
| 1.5 | 78.20 | 84.07 | 7.5 |

从表 4-7 可以看出，搭设面积对临界荷载有一定的影响，但幅度有限，仅为 7.5% 左右。

### 4.3.3 不同立杆间距对临界荷载的影响

以立杆步距为 1.2m 的 8 跨 8 步支架为研究对象，在顶、底超出段长度取 0.2m、水平撑间距 4 步、竖向剪刀撑间距 4 跨的条件下，讨论立杆间距变化对临界荷载的影响。为了便于比较，以立杆步距取 1.2m 时的临界荷载为基准，其他情况下的临界荷载与其进行比较。当立杆间距取 $0.6 \sim 1.5$m 时，支架的临界荷载见表 4-8，临界荷载随立杆间距变化的曲线见图 4-25。

不同立杆间距时的临界荷载 表 4-8

| 立杆间距(m) | 临界荷载(kN) | 临界荷载变化率(%) | 立杆间距(m) | 临界荷载(kN) | 临界荷载变化率(%) |
| --- | --- | --- | --- | --- | --- |
| 0.6 | 138.59 | 53.1 | 1.1 | 98.31 | 8.6 |
| 0.7 | 141.67 | 56.5 | 1.2 | 90.55 | — |
| 0.8 | 133.98 | 48.0 | 1.3 | 84.35 | −6.8 |
| 0.9 | 120.04 | 32.6 | 1.4 | 79.26 | −12.5 |
| 1.0 | 108.13 | 19.4 | 1.5 | 74.87 | −17.3 |

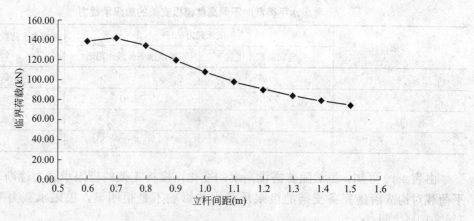

图 4-25　临界荷载随立杆间距变化的曲线

从表 4-8 和图 4-25 可以看出：立杆间距对临界荷载有显著的影响，临界荷载随着立杆间距的增加而减小。

## 4.4　竖向荷载作用下搭设步数对模板支架极限承载力的影响

采用横向 8 跨、纵向 8 跨的计算模型，立杆间距为 1.2m，步距 1.2m，$a0.2m$，初始弯曲率取 1‰，构造措施完备。计算搭设步数为 4 步、8 步、12 步和 16 步的模板支架在竖向荷载作用的极限承载力。计算结果见表 4-9。

不同搭设步数模板支架的极限承载力　　　　　　　　　　　　　　　表 4-9

| 步数 | 极限承载力(kN) | 下降幅度(%) |
|---|---|---|
| 4 | 89.65 | 0 |
| 8 | 79.70 | 11.1 |
| 12 | 75.27 | 16.0 |
| 16 | 70.40 | 21.5 |

由表 4-9 可看出，搭设步数对极限承载力有一定的影响，随着步数的增加，其对极限承载力的影响不可忽视，当搭设步数由 4 步(搭设高度为 5.2m)增加到 8 步时(搭设高度为 10m，已经属于高大模板支架)，极限承载力降低 11%，当搭设步数增加到 16 步时(搭设高度为 19.6m)，极限承载力降低 21.5%，搭设步数对极限承载力的影响已较为明显，不可不计。

## 4.5　水平荷载和竖向荷载共同作用下搭设高度对模板支架极限承载力的影响

以 4.1 小节的计算模型为基本计算模型，计算搭设步数为 4 步、8 步、12 步和 16 步的模板支架在竖向荷载和水平荷载共同作用下的极限承载力，参考英国规范和美国规范，水平荷载的取值为 2%的竖向荷载。计算结果见表 4-10。

| 步数 | 极限承载力(kN) | | 考虑水平荷载后承载力降幅（%） |
|---|---|---|---|
| | 仅竖向荷载作用时 | 考虑水平荷载作用后 | |
| 4 | 89.65 | 80.50 | 10.2 |
| 8 | 79.70 | 73.91 | 7.3 |
| 12 | 75.27 | 69.23 | 8.0 |
| 16 | 70.40 | 65.37 | 7.1 |

由表 4-10 可知：虽然随着搭设高度的变化，模板支架的极限承载力逐渐下降，但水平荷载对构造措施完备支架的极限承载力的影响不是很明显，极限承载力下降幅度在 7%～10% 之间。

## 4.6　考虑水平荷载作用时构造措施对模板支架极限承载力的影响

采用 4.1 小节的计算分析模型，水平荷载的取值为 2% 的竖向荷载，作用在纵向。

在竖向荷载作用和水平荷载作用下，计算具有完备的构造措施、有部分构造措施和无构造措施情况下支架的极限承载力，所得结果见表 4-11。

不同构造措施下水平荷载对支架极限承载力的影响 　　　表 4-11

| 构造措施 | | | 极限承载力(kN) | | 极限承载力下降幅度（%） |
|---|---|---|---|---|---|
| 竖向剪刀撑 | | 水平剪刀撑 | | | |
| 横向 | 纵向 | | 没有水平荷载 | 2%水平荷载 | |
| 有 | 有 | 有 | 79.70 | 73.91 | 7.3 |
| 有 | 有 | 无 | 69.61 | 60.38 | 13.3 |
| 有 | 无 | 无 | 39.56 | 27.97 | 29.3 |
| 无 | 无 | 无 | 35.62 | 22.54 | 36.7 |

由表 4-11 可看出，具有完备构造措施的支架抵抗水平荷载的能力最强，承载能力几乎没有明显的降低；当没有设水平剪刀撑时，极限承载力降低了 13.3%；当没有沿水平荷载的作用方向设竖向剪刀撑时，极限承载力下降十分明显，降低了约 30%；当两个方向均没有设竖向剪刀撑时，极限承载力的降幅达到了 37%。

由此可见，较为完备的构造措施是抵抗水平荷载对极限承载力影响的必备条件。

# 第5章 模板支架极限承载力的实用计算公式

通过第 4 章分析，确定了竖向剪刀撑的间距、立杆步距 $h$、立杆超出顶层水平杆长度 $a$、立杆间距、搭设高度和水平荷载是影响支架极限承载力的主要因素，本章分析如何在考虑这 6 个因素的基础上，提出极限承载力的实用计算公式。

## 5.1 模板支架极限承载力的研究思路

本章的分析对象为具有常见竖向剪刀撑间距的支架。稍许保守地以搭设高度在 10m 左右的承受竖向荷载的支架为基本分析对象，考虑主要影响因素对极限承载力的影响。

### 5.1.1 竖向剪刀撑间距和立杆间距的考虑方法

通过第 4 章的分析可以知道，立杆间距越小承载力越大，竖向剪刀撑间距越大承载力越小。以 1.2m 间距的模板支架的临界荷载为基准，在常用的立杆步距范围内，临界荷载的变化幅度为 153%～83%。为了便于施工人员设计搭设模板支架，如果将竖向剪刀撑的间距规定为 4 至 6 跨或 5～7m 这一通常的范围，基本可以将小立杆间距和大竖向剪刀撑间距对临界荷载的影响抵消，同理，也可将大立杆间距和小竖向剪刀撑间距对临界荷载的影响抵消，这样可以不考虑立杆间距变化或 6 跨以上竖向剪刀撑间距对临界荷载的影响，只考虑间距 1.2m、竖向剪刀撑间距 6 跨的模板支架即可。

### 5.1.2 立杆步距和立杆超出顶层水平杆长度的考虑方法

$h$ 和 $a$ 对极限承载力的影响较大，不同的 $h$ 和 $a$ 相组合后，将会有数十种计算模型，计算工作量极大；同时，由于竖向剪刀撑间距 6 跨模板支架的计算模型单元在 1 万个以上，致使非线性计算复杂，计算过程不易收敛。为了简化起见，选择单元较少的 8 步 8 跨(竖向剪刀撑间距 4 跨)的模板支架为研究对象，选取有代表性且具有常见 $h$ 和 $a$ 的支架，进行非线性计算，考虑初始弯曲率和残余应力对极限承载力的影响，找出临界荷载与极限承载力关系。利用第 4 章的计算分析结果，认为竖向剪刀撑间距 6 跨的模板支架和间距 4 跨的模板支架间的临界荷载关系近似等于它们的极限承载力关系，对 8 步 8 跨的模板支架的非线性计算结果进行调整后，可得分析 8 步 12 跨(竖向剪刀撑间距 6 跨)模板支架的极限承载力。最后按照工程技术人员的习惯，给出极限承载力的实用计算公式。

### 5.1.3 搭设高度和水平荷载的考虑方法

以立杆步距 1.2m 的 8 步支架为研究基准，利用表 4-10 所列的计算结果，考虑水平荷载(大小为 2%竖向荷载)和不同的搭设高度和对极限承载力的影响，对极限承载力的实用计算公式进行修正。

## 5.2 极限承载力的简化计算

以 4.1 小节中的模板支架(中间水平剪刀撑间距四步,竖向剪刀撑间距 4 跨)为研究对象,通过改变 $h$ 和 $a$,选取 4 组具有代表意义的搭设参数,考虑几何大变形和材料非线性,进行极限承载力计算;比较临界荷载和极限承载力,再考虑残余应力的影响,找出一个合理的对临界荷载进行调整的系数,使得调整后的临界荷载值近似等于考虑残余应力和初始弯曲率的极限承载力。

### 5.2.1 1‰初始弯曲率下不考虑残余应力的非线性极限承载力

选取 4 组具有代表性的搭设参数,即 $a0.5mh1.2m$、$a0.3mh1.5m$、$a0.4mh1.4m$ 和 $a0.6mh1.3m$,进行 1‰初始弯曲率下极限承载力分析,计算结果见表 5-1。

1‰初始弯曲率下不同搭设参数支架的极限承载力 $F_{cr}$ 及系数 $C_1$      表 5-1

| 搭设参数 | $a=0.5m$ $h=1.2m$ | $a=0.3m$ $h=1.5m$ | $a=0.4m$ $h=1.4m$ | $a=0.6m$ $h=1.3m$ |
|---|---|---|---|---|
| 计算极限承载力 $F_{cr}$(kN) | 51.58 | 61.52 | 59.26 | 45.99 |
| 临界荷载 $P_{cr}$(kN) | 62.86 | 72.91 | 67.84 | 52.61 |
| $C_1=P_{cr}/F_{cr}$ | 1.22 | 1.19 | 1.14 | 1.14 |

为了找出计算极限承载力 $F_{cr}$ 与临界荷载 $P_{cr}$ 的关系,设:

$$C_1 = P_{cr}/F_{cr} \tag{5-1}$$

$C_1$ 的大小见表 5-1。从表 5-1 可以看出 $C_1$ 在 1.14~1.22 之间。

### 5.2.2 1‰初始弯曲率下考虑残余应力的临界荷载调整系数

为了找出残余应力对极限承载力的影响,设系数 $C_2$ 为:

$$C_2 = \phi_{1‰}/\varphi' \tag{5-2}$$

式中    $\varphi'$——规范给出的与搭设步距(计算长度等于步距)对应的稳定系数;

       $\phi_{1‰}$——1‰初始弯曲率下不考虑残余应力的与搭设步距(计算长度等于步距)对应的稳定系数。

$C_2$ 的大小见表 5-2。从表 5-2 可以看出 $C_2$ 在 1.13~1.18 之间。

1‰初始弯曲率下不同搭设参数支架的 $C_2$      表 5-2

| 搭设参数 | $a=0.5m$ $h=1.2m$ | $a=0.3m$ $h=1.5m$ | $a=0.4m$ $h=1.4m$ | $a=0.6m$ $h=1.3m$ |
|---|---|---|---|---|
| 与搭设步距对应的稳定系数 $\varphi'$ | 0.805 | 0.670 | 0.720 | 0.768 |
| 与搭设步距对应的稳定系数 $\phi_{1‰}$ | 0.910 | 0.794 | 0.843 | 0.873 |
| $C_2=\phi_{1‰}/\varphi'$ | 1.13 | 1.18 | 1.17 | 1.14 |

1‰初始弯曲率下考虑残余应力影响的实际极限承载力 $F$ 可表示为：

$$F=P_{cr}/C \tag{5-3}$$

式中　$P_{cr}$——临界荷载；

　　　　$C$——临界荷载的调整系数，$C=C_1C_2$。

不同搭设参数下 $C$ 值的计算结果见表 5-3。

1‰初始弯曲率下不同搭设参数支架的调整系数 $C$ 　　　　表 5-3

| 搭设参数 | $a=0.5m$<br>$h=1.2m$ | $a=0.3m$<br>$h=1.5m$ | $a=0.4m$<br>$h=1.4m$ | $a=0.6m$<br>$h=1.3m$ |
|---|---|---|---|---|
| $C_1$ | 1.22 | 1.19 | 1.14 | 1.14 |
| $C_2$ | 1.13 | 1.18 | 1.17 | 1.14 |
| $C$ | 1.37 | 1.40 | 1.33 | 1.30 |

从表 5-3 可以看出，$C$ 的取值范围为 1.30～1.40，为了方便计算，保守地统一取 $C=1.4$。

### 5.2.3　竖向剪刀撑间距 4 跨支架的极限承载力

表 4-6 为不同 $h$ 和不同 $a$ 下的临界荷载，除以 1.4 后得极限承载力 $F$，见表 5-4。

竖向剪刀撑间距 4 跨支架的极限承载力（kN）　　　　表 5-4

| $a(m)$ \ $h(m)$ | 0.8 | 0.9 | 1.0 | 1.1 | 1.2 | 1.3 | 1.4 | 1.5 | 1.6 | 1.7 | 1.8 |
|---|---|---|---|---|---|---|---|---|---|---|---|
| 0.3 | 71.22 | 68.33 | 65.26 | 62.07 | 59.04 | 56.36 | 54.05 | 52.08 | 50.37 | 48.84 | 47.41 |
| 0.4 | 60.23 | 58.12 | 56.06 | 54.01 | 52.01 | 50.16 | 48.46 | 46.92 | 45.52 | 44.21 | 42.95 |
| 0.5 | 50.57 | 49.04 | 47.62 | 46.24 | 44.90 | 43.61 | 42.41 | 41.26 | 40.19 | 39.15 | 38.14 |
| 0.6 | | 40.39 | 39.42 | 38.49 | 37.58 | 36.71 | 35.87 | 35.06 | 34.26 | 33.49 |
| 0.7 | | 34.39 | 33.69 | 33.01 | 32.35 | 31.71 | 31.09 | 30.48 | 29.88 | 29.28 |
| 0.8 | | 29.48 | 28.95 | 28.45 | 27.96 | 27.47 | 27.00 | 26.54 | 26.07 | 25.61 |
| 0.9 | | 25.46 | 25.06 | 24.67 | 24.29 | 23.92 | 23.56 | 23.20 | 22.84 | 22.48 |
| 1 | | 22.17 | 21.85 | 21.54 | 21.25 | 20.96 | 20.67 | 20.39 | 20.10 | 19.82 |

### 5.2.4　竖向剪刀撑间距 6 跨支架的极限承载力

第 4 章的计算分析表明，竖向剪刀撑间距 6 跨的模板支架的承载能力比间距 4 跨的模板支架的承载能力低 20%～26%。本节基于 5.2.3 节中竖向剪刀撑间距 4 跨模板支架的极限承载能力 $F$（见表 5-4），稍许保守取地认为将表 5-4 所列的极限承载力乘以 70%，即可得到竖向剪刀撑间距 6 跨的模板支架的极限承载力，见表 5-5。

竖向剪刀撑间距 **6** 跨模支架的极限承载力(kN)　　　　表 5-5

| $h$(m) $a$(m) | 0.8 | 0.9 | 1.0 | 1.1 | 1.2 | 1.3 | 1.4 | 1.5 | 1.6 | 1.7 | 1.8 |
|---|---|---|---|---|---|---|---|---|---|---|---|
| 0.3 | 49.85 | 47.83 | 45.68 | 43.45 | 41.33 | 39.45 | 37.84 | 36.46 | 35.26 | 34.19 | 33.19 |
| 0.4 | 42.16 | 40.68 | 39.24 | 37.81 | 36.41 | 35.11 | 33.92 | 32.85 | 31.87 | 30.95 | 30.07 |
| 0.5 | 35.40 | 34.33 | 33.33 | 32.37 | 31.43 | 30.53 | 29.69 | 28.89 | 28.13 | 27.41 | 26.70 |
| 0.6 | | | 28.27 | 27.59 | 26.94 | 26.31 | 25.70 | 25.11 | 24.54 | 23.99 | 23.44 |
| 0.7 | | | 24.07 | 23.58 | 23.11 | 22.65 | 22.20 | 21.76 | 21.34 | 20.92 | 20.50 |
| 0.8 | | | 20.64 | 20.27 | 19.92 | 19.57 | 19.23 | 18.90 | 18.58 | 18.25 | 17.93 |
| 0.9 | | | 17.83 | 17.54 | 17.27 | 17.01 | 16.75 | 16.49 | 16.24 | 15.99 | 15.74 |
| 1 | | | 15.52 | 15.30 | 15.08 | 14.88 | 14.67 | 14.47 | 14.27 | 14.07 | 13.88 |

## 5.3　极限承载力与计算长度的关系

### 5.3.1　计算长度与 $a$ 和 $h$ 的关系

与表 5-5 中极限承载力对应的稳定系数 $\varphi$ 可按下式计算,结果见表 5-6。

$$\varphi = \frac{F}{fA} \tag{5-4}$$

式中　$F$——极限承载力;

$f$——抗拉强度设计值;

$A$——钢管的截面面积。

计算得出的稳定系数　　　　表 5-6

| $h$(m) $a$(m) | 0.8 | 0.9 | 1.0 | 1.1 | 1.2 | 1.3 | 1.4 | 1.5 | 1.6 | 1.7 | 1.8 |
|---|---|---|---|---|---|---|---|---|---|---|---|
| 0.3 | 0.494 | 0.474 | 0.452 | 0.430 | 0.409 | 0.391 | 0.375 | 0.361 | 0.349 | 0.339 | 0.329 |
| 0.4 | 0.417 | 0.403 | 0.389 | 0.374 | 0.360 | 0.348 | 0.336 | 0.325 | 0.315 | 0.306 | 0.298 |
| 0.5 | 0.350 | 0.340 | 0.330 | 0.320 | 0.311 | 0.302 | 0.294 | 0.286 | 0.279 | 0.271 | 0.264 |
| 0.6 | | | 0.280 | 0.273 | 0.267 | 0.260 | 0.254 | 0.249 | 0.243 | 0.237 | 0.232 |
| 0.7 | | | 0.238 | 0.233 | 0.229 | 0.224 | 0.220 | 0.215 | 0.211 | 0.207 | 0.203 |
| 0.8 | | | 0.204 | 0.201 | 0.197 | 0.194 | 0.190 | 0.187 | 0.184 | 0.181 | 0.178 |
| 0.9 | | | 0.176 | 0.174 | 0.171 | 0.168 | 0.166 | 0.163 | 0.161 | 0.158 | 0.156 |
| 1 | | | 0.154 | 0.151 | 0.149 | 0.147 | 0.145 | 0.143 | 0.141 | 0.139 | 0.137 |

查《建筑施工扣件式钢管脚手架安全技术规范》(JGJ 130—2001)附表 C,得与表 5-6
中稳定系数对应的长细比 $\lambda$,见表 5-7。

| $h$(m) $a$(m) | 0.8 | 0.9 | 1.0 | 1.1 | 1.2 | 1.3 | 1.4 | 1.5 | 1.6 | 1.7 | 1.8 |
|---|---|---|---|---|---|---|---|---|---|---|---|
| 0.3 | 113.3 | 116.7 | 120.0 | 123.7 | 127.5 | 130.1 | 134.2 | 137.2 | 140.0 | 142.3 | 144.8 |
| 0.4 | 126.0 | 128.6 | 131.4 | 134.4 | 137.4 | 140.2 | 143.0 | 145.8 | 148.3 | 150.7 | 153 |
| 0.5 | 139.8 | 142.0 | 144.5 | 147 | 149.3 | 151.8 | 154.0 | 156.3 | 158.5 | 161.0 | 163.3 |
| 0.6 | | | 158.3 | 160.3 | 162.3 | 164.7 | 166.7 | 168.7 | 171.0 | 173.0 | 175.0 |
| 0.7 | | | 172.7 | 174.7 | 176.3 | 178.5 | 180 | 182.5 | 184.0 | 186.0 | 188.0 |
| 0.8 | | | 187.5 | 189.0 | 191.0 | 192.5 | 194.5 | 196.5 | 198.0 | 199.5 | 201.5 |
| 0.9 | | | 202.5 | 204.0 | 206.0 | 207.5 | 209.0 | 211.0 | 212.0 | 214.5 | 216.0 |
| 1 | | | 217.0 | 219.5 | 221.0 | 222.5 | 224.0 | 226.0 | 227.0 | 229.0 | 231.0 |

按下式计算与表 5-7 中长细比 $\lambda$ 对应的计算长度 $l_0$,结果见表 5-8。

$$l_0 = \lambda i \tag{5-5}$$

式中 $i$——钢管的回转半径。

| $h$(m) $a$(m) | 0.8 | 0.9 | 1.0 | 1.1 | 1.2 | 1.3 | 1.4 | 1.5 | 1.6 | 1.7 | 1.8 |
|---|---|---|---|---|---|---|---|---|---|---|---|
| 0.3 | 1.78 | 1.83 | 1.88 | 1.94 | 2.00 | 2.04 | 2.11 | 2.15 | 2.20 | 2.23 | 2.27 |
| 0.4 | 1.98 | 2.02 | 2.06 | 2.11 | 2.16 | 2.20 | 2.25 | 2.29 | 2.33 | 2.37 | 2.40 |
| 0.5 | 2.19 | 2.23 | 2.27 | 2.31 | 2.34 | 2.38 | 2.42 | 2.45 | 2.49 | 2.53 | 2.56 |
| 0.6 | | | 2.49 | 2.52 | 2.55 | 2.59 | 2.62 | 2.65 | 2.68 | 2.72 | 2.75 |
| 0.7 | | | 2.71 | 2.74 | 2.77 | 2.80 | 2.83 | 2.87 | 2.89 | 2.92 | 2.95 |
| 0.8 | | | 2.94 | 2.97 | 3.00 | 3.02 | 3.05 | 3.09 | 3.11 | 3.13 | 3.16 |
| 0.9 | | | 3.18 | 3.20 | 3.23 | 3.26 | 3.28 | 3.31 | 3.33 | 3.37 | 3.39 |
| 1 | | | 3.41 | 3.45 | 3.47 | 3.49 | 3.52 | 3.55 | 3.56 | 3.60 | 3.63 |

计算长度 $l_0$ 与 $a$ 的关系图、计算长度 $l_0$ 与 $h$ 的关系图分别见图 5-1 和图 5-2。

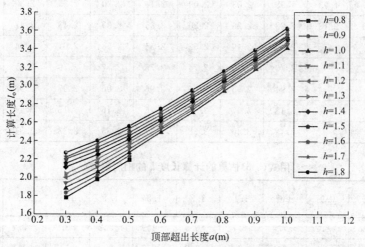

图 5-1 计算长度 $l_0$ 与顶部超出长度 $a$ 的关系图

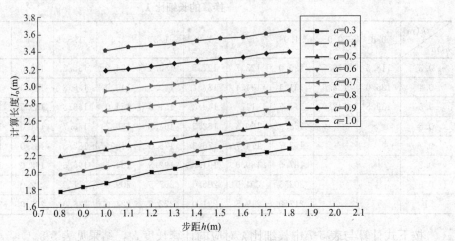

图 5-2　计算长度 $l_0$ 与立杆步距 $h$ 的关系图

### 5.3.2　计算长度 $l_0$ 的简化计算公式

从图 5-1 和图 5-2 可以看出，$l_0$ 与 $h$ 和 $a$ 之间呈弱非线性，通过试算，给出了当 $1.8m \leqslant h \leqslant 1.0m$、$0.3m \leqslant a \leqslant 1.0m$ 时和当 $0.8m \leqslant h \leqslant 0.9m$、$0.3m \leqslant a \leqslant 0.5m$ 时 $l_0$ 的简化计算式如下：

$$l_0 = h + 1.2(3-h)a \quad \begin{cases} 1.0m \leqslant h \leqslant 1.8m, & 0.3m < a < 1.0m \\ 0.8m \leqslant h \leqslant 1.0m, & 0.3m \leqslant a \leqslant 0.5m \end{cases} \tag{5-6}$$

按式(5-6)计算的 $l_0$ 见表 5-9，估算相对误差见表 5-10。

用式(5-6)估算的计算长度 $l_0$(m)　　　　　　　　　表 5-9

| $a$(m) \ $h$(m) | 0.8 | 0.9 | 1.0 | 1.1 | 1.2 | 1.3 | 1.4 | 1.5 | 1.6 | 1.7 | 1.8 |
|---|---|---|---|---|---|---|---|---|---|---|---|
| 0.3 | 1.61 | 1.67 | 1.74 | 1.81 | 1.87 | 1.94 | 2.00 | 2.07 | 2.14 | 2.20 | 2.27 |
| 0.4 | 1.87 | 1.93 | 1.98 | 2.03 | 2.09 | 2.14 | 2.20 | 2.25 | 2.30 | 2.36 | 2.41 |
| 0.5 | 2.14 | 2.18 | 2.22 | 2.26 | 2.30 | 2.35 | 2.39 | 2.43 | 2.47 | 2.51 | 2.56 |
| 0.6 | — | — | 2.46 | 2.49 | 2.52 | 2.55 | 2.58 | 2.61 | 2.64 | 2.67 | 2.70 |
| 0.7 | — | — | 2.70 | 2.72 | 2.74 | 2.75 | 2.77 | 2.79 | 2.81 | 2.83 | 2.84 |
| 0.8 | — | — | 2.94 | 2.95 | 2.95 | 2.96 | 2.96 | 2.97 | 2.98 | 2.98 | 2.99 |
| 0.9 | — | — | 3.18 | 3.17 | 3.17 | 3.16 | 3.16 | 3.15 | 3.14 | 3.14 | 3.13 |
| 1 | — | — | 3.42 | 3.40 | 3.38 | 3.37 | 3.35 | 3.33 | 3.31 | 3.29 | 3.28 |

用式(5-6)估算的计算长度 $l_0$ 的相对误差(%)　　　　　　表 5-10

| $a$(m) \ $h$(m) | 0.8 | 0.9 | 1.0 | 1.1 | 1.2 | 1.3 | 1.4 | 1.5 | 1.6 | 1.7 | 1.8 |
|---|---|---|---|---|---|---|---|---|---|---|---|
| 0.3 | −9.6 | −8.7 | −7.4 | −6.7 | −6.5 | −4.9 | −5.2 | −3.7 | −2.7 | −1.3 | 0.0 |
| 0.4 | −5.6 | −4.5 | −3.9 | −3.8 | −3.2 | −2.7 | −2.2 | −1.7 | −1.3 | −0.4 | 0.4 |
| 0.5 | −2.3 | −2.2 | −2.2 | −2.2 | −1.7 | −1.3 | −1.2 | −0.8 | −0.8 | −0.8 | 0.0 |

| $h$(m)  $a$(m) | 0.8 | 0.9 | 1.0 | 1.1 | 1.2 | 1.3 | 1.4 | 1.5 | 1.6 | 1.7 | 1.8 |
|---|---|---|---|---|---|---|---|---|---|---|---|
| 0.6 | — | — | −1.2 | −1.2 | −1.2 | −1.5 | −1.5 | −1.5 | −1.5 | −1.8 | −1.8 |
| 0.7 | — | — | −0.4 | −0.7 | −1.1 | −1.8 | −2.1 | −2.8 | −2.8 | −3.1 | −3.7 |
| 0.8 | — | — | 0.0 | −0.7 | −1.7 | −2.0 | −3.0 | −3.9 | −4.2 | −4.8 | −5.4 |
| 0.9 | — | — | 0.0 | −0.9 | −1.9 | −3.1 | −3.7 | −4.8 | −5.7 | −6.8 | −7.7 |
| 1 | — | — | 0.3 | −1.4 | −2.6 | −3.4 | −4.8 | −6.2 | −7.0 | −8.6 | −9.6 |

从表 5-10 可以看出，在 $1.0\text{m} \leqslant h \leqslant 1.8\text{m}$，$0.3\text{m} < a < 1.0\text{m}$ 这么大的范围内，计算长度的估算相对误差最大只有 $9.6\%$，而在常用的范围内，估算相对误差最大值仅为 $4.3\%$，表明用式(5-6)估算计算长度 $l_0$ 的计算精度可以接受。

## 5.4 搭设高度和水平荷载的考虑方法

表 4-10 给出了竖向荷载、竖向荷载与水平荷载(大小为 $2\%$ 竖向荷载)共同作用下搭设高度对支架极限承载力的影响。以立杆步距 1.2m 的 8 步支架为研究基准，定义搭设高度和水平荷载对支架极限承载力的影响系数 $\eta$ 如下：

$$\eta = \frac{F_h}{F} \tag{5-7}$$

式中   $\eta$——影响系数，见表 5-11；

      $F$——竖向荷载作用下的极限承载力；

      $F_h$——竖向荷载与水平荷载共同作用下支架的极限承载力。

不同搭设步数下支架极限承载力的影响系数 $\eta$      表 5-11

| 步数 | 仅竖向荷载作用时 | 考虑水平荷载作用后 | |
|---|---|---|---|
|  | 极限承载力(kN) | 极限承载力(kN) | $\eta$ |
| 8 | 79.70 | 73.91 | 0.92 |
| 12 | 75.27 | 69.23 | 0.87 |
| 16 | 70.40 | 65.37 | 0.82 |

由于支架的搭设面积对极限承载力也有一些影响，故以高宽比为基准，表 5-11 中的 8 步支架的高宽比为 1，16 步支架的高宽比为 2，按线性内插，得支架高宽比与极限承载力的影响系数 $\eta$ 的关系，见表 5-12。

支架不同高宽比下的极限承载力影响系数 $\eta$      表 5-12

| 支架高宽比 | 极限承载力的影响系数 $\eta$ | 支架高宽比 | 极限承载力的影响系数 $\eta$ |
|---|---|---|---|
| 1.0 | 0.92 | 1.3 | 0.89 |
| 1.1 | 0.91 | 1.4 | 0.88 |
| 1.2 | 0.90 | 1.5 | 0.87 |

| 支架高宽比 | 极限承载力的影响系数 $\eta$ | 支架高宽比 | 极限承载力的影响系数 $\eta$ |
|---|---|---|---|
| 1.6 | 0.86 | 1.9 | 0.83 |
| 1.7 | 0.85 | 2.0 | 0.82 |
| 1.8 | 0.84 | — | — |

根据表 5-12 可以看出，支架高宽比每增加 0.1，极限承载力的影响系数 $\eta$ 相应降低 0.1。

## 5.5 模板支架极限承载力的实用计算公式

当模板支架的搭设满足以下构造要求时：

（1）竖向剪刀撑的间距为 4～6 跨或 5～7m；

（2）水平剪刀撑的间距为 4～6 步或 5～7m；

（3）模板支架的高宽比不大于 2。

模板支架的极限承载力计算表达式如下：

$$F = \eta \varphi f A \tag{5-8}$$

式中　$F$——模板支架的极限承载力；

　　　$\eta$——水平荷载和搭设高度的影响系数，按表 5-12 取值；

　　　$\varphi$——稳定系数，根据长细比 $\lambda$，按《冷弯薄壁型钢结构技术规范》（GB 50018—2002）轴心受压构件的稳定系数取值；

　　　$f$——抗拉强度设计值；

　　　$A$——钢管的公称截面面积；

　　　$\lambda$——长细比，$\lambda = l_0 / i$；

　　　$l_0$——考虑了整体稳定因素的立杆计算长度，按下式计算：

$$l_0 = h + 1.2(3-h)a \quad \begin{cases} 1.0\text{m} \leqslant h \leqslant 1.8\text{m}, & 0.3\text{m} < a < 1.0\text{m} \\ 0.8\text{m} \leqslant h \leqslant 1.0\text{m}, & 0.3\text{m} \leqslant a \leqslant 0.5\text{m} \end{cases} \tag{5-9}$$

# 第6章 混凝土浇筑期荷载效应的测试与分析

混凝土浇筑期是高大模板支架最为危险的时期，通过静力测试可以掌握模板支架的工作状态，从而进行有针对性的计算分析；通过动力测试可以了解施工荷载的动力效应。

## 6.1 模板支架工作状态的静力测试

### 6.1.1 测试工程简介

本工程地下1层、地上2层，地上一层层高8m，地上二层层高为7.6m，12m×9m柱网，内设3m×3m的井字梁。测试对象为首层顶板的支架，楼盖体系中，框架梁截面500mm×1100mm，井字梁截面300mm×800mm，板厚150mm。测试区域见图6-1。

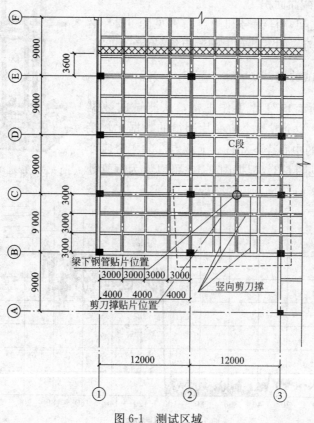

图 6-1 测试区域

支架立杆间距 0.6m、0.6m 与 0.9m、0.9m 交替设立,立杆步距 1.2m。剪刀撑与地面夹角为 45°～60°,沿 12m 梁跨方向每隔 4.5m 设一道竖向剪刀撑,沿 9m 梁跨方向每隔 4m 设一道竖向剪刀撑。

### 6.1.2 测试方法和测点布置

采用 DH3816 静态应变测试系统,测试钢管的应变。测试的零时刻为浇筑开始的时刻,采样间隔为 5s。

钢管沿轴向对称贴 2 个或 4 个应变片(重点观测的钢管贴 4 个应变片),钢管的应变 $\varepsilon$ 按下式计算:

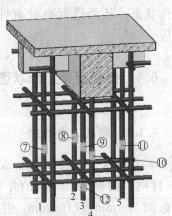

$$\varepsilon = \frac{(\varepsilon_1 + \varepsilon_2 + \varepsilon_3 + \varepsilon_4)}{4} \quad (6\text{-}1)$$

$$\varepsilon = \frac{(\varepsilon_1 + \varepsilon_2)}{2} \quad (6\text{-}2)$$

式中 $\varepsilon_i$——通过应变片测得的应变值。

钢管的轴力 $P$ 按下式计算:

$$P = \varepsilon EA \quad (6\text{-}3)$$

式中 $E$——钢管的弹性模量;

$A$——钢管的截面面积。

12m 跨大梁下支架立杆编号和测点布置见图 6-2。沿 9m 跨大梁的竖向剪刀撑的下部和上部测点编号为⑥和⑬。

### 6.1.3 主要测试数据

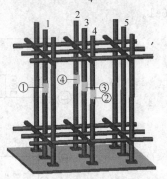

测试过程中,所有应变片工作正常,从测试的数据看,钢管同一截面上 2 个或 4 个应变片测得的数据比较接近,其中 12m 跨梁的中心线下立杆 3 上测点⑨的 4 个应变片测得的应变时程见图 6-3。根据图 6-3,可以认为钢管处于轴心受压状态。

图 6-2 杆件编号和测点布置图

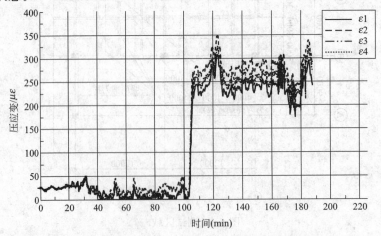

图 6-3 立杆 3 上测点⑨的 4 个应变片测得的时程图

为了方便分析比较，将具有可比性的立杆轴力时程曲线画在一起，见图6-4。

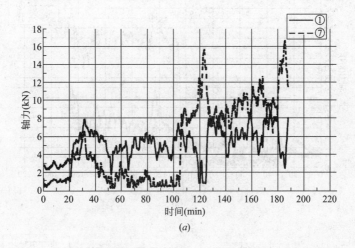

(a)

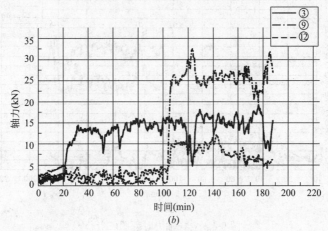

(b)

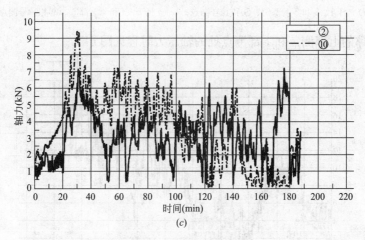

(c)

图6-4 立杆轴力时程图(一)

(a)立杆1的①和⑦号测点；(b)立杆3的③、⑨和⑫号测点；(c)立杆4的②和⑩号测点；

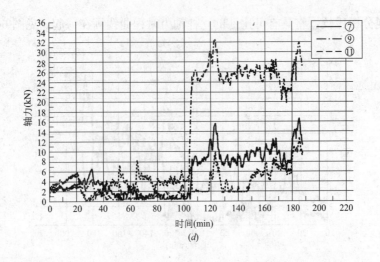

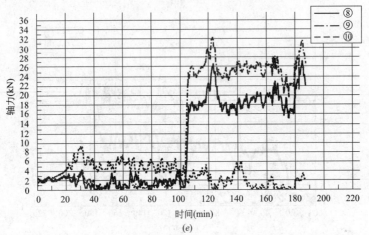

图 6-4　立杆轴力时程图(二)

(d)立杆 1、3 和 5 上部⑦、⑨和⑪号测点；(e)立杆 2、3 和 4 上部⑧、⑨和⑩号测点

竖向剪刀撑的上部测点和下部测点处的轴压力时程见图 6-5。

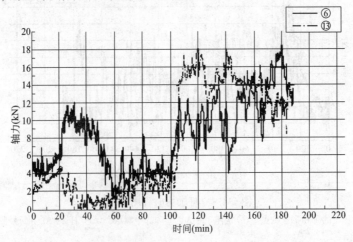

图 6-5　竖向剪刀撑的测点⑥和⑬的轴力时程图

### 6.1.4 试验数据分析和模板支架的工作状态

从图 6-4 可以看出：

（1）在混凝土浇筑的过程中，主梁下大部分立杆内力在较短的时间内加大至最大值，之后内力有所减小，表明立杆所受最大荷载出现在混凝土浇筑的过程中，浇筑完毕后，内力有所减小；

（2）竖向剪刀撑的最大内力达 12～18kN，表明竖向剪刀撑参与了工作，而且承担了可观的内力；

（3）在混凝土浇筑的前期，立杆 4 上测点②和测点⑩的轴力值随时间逐渐增大，之后两个测点的轴力值开始降低，直到不再承担荷载；

（4）由于立杆 4 的退出，使得与之相邻的并排立杆 3 上测点⑨的最大工作轴力达到 32kN，高于并排立杆 2 上测点⑧的轴力约 40%，高于另一方向与立杆 3 并排的立杆 1 和立杆 5 上测点⑦和测点⑪的轴力约 1 倍。

### 6.1.5 试验中特殊现象的分析

通过对试验数据的分析，可以看出混凝土浇筑过程中存在特殊现象：主梁下个别立杆退出工作，致使相邻立杆的轴力大幅度增加，成为安全隐患。

1. 立杆退出工作对模板支架受力的影响

取 3m×3m 的局部模板支架进行荷载作用下的立杆受力分析。

荷载组合为：混凝土自重标准值＋其他施工活荷载的标准值（按 3kN/m² 取）。

图 6-6 为每个立杆均参与工作时的立杆轴力图；如果立杆 4 退出工作则立杆轴力变化见图 6-7。

从图 6-7 可以看出，立杆 4 退出工作后相邻 4 根立杆轴力的变化最明显，其中立杆 3 的轴力增加了 56%，达到了 18.2kN，高于并排的立杆 2 的轴力约 53%，高于另一方向并排立杆 1 和立杆 5 的轴力约 1 倍，这一分析结果与试验结果基本一致。

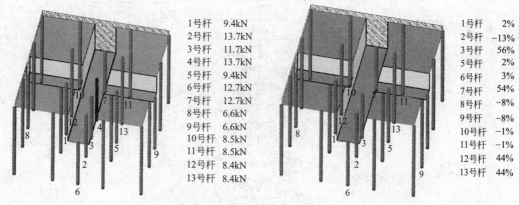

| 图 6-6 | 图 6-7 |
| --- | --- |
| 1号杆 9.4kN | 1号杆 2% |
| 2号杆 13.7kN | 2号杆 −13% |
| 3号杆 11.7kN | 3号杆 56% |
| 4号杆 13.7kN | 5号杆 2% |
| 5号杆 9.4kN | 6号杆 3% |
| 6号杆 12.7kN | 7号杆 54% |
| 7号杆 12.7kN | 8号杆 −8% |
| 8号杆 6.6kN | 9号杆 −8% |
| 9号杆 6.6kN | 10号杆 −1% |
| 10号杆 8.5kN | 11号杆 −1% |
| 11号杆 8.5kN | 12号杆 44% |
| 12号杆 8.4kN | 13号杆 44% |
| 13号杆 8.4kN | |

图 6-6　每个立杆均参与工作时的立杆轴力　　　图 6-7　立杆 4 退出工作前后的立杆轴力变化

2. 立杆退出工作的原因

立杆退出工作的原因可能有以下两个：一是立杆搭设的问题，立杆搭虚了，当荷载增加到一定大小时，立杆退出工作；二是施工方法引起的，从一边向另一边推进的混凝土浇筑次序，使得荷载分布不对称，国外文献提到施工期连接模板和支架的木龙骨有可能出现"翘起"（uplift）。一旦"翘起"发生，支撑木龙骨的支架立杆将不再受力。

## 6.2 混凝土的浇筑过程模拟与分析

模板支架的受力状态随混凝土的浇筑过程不断发生变化，破坏往往也发生在混凝土浇筑期间。浇筑中荷载逐步施加，整体结构受力不均匀，模板支架受力体系也会随之发生变化。现行设计规范的设计荷载按平均荷载取值，这与立杆的实际受力不相符，所以有必要对浇筑过程中模板支架的受力体系进行研究。

依照以上的思路，将围绕浇筑过程中立杆的受力状态进行建模，建立模板、次龙骨、主龙骨和立杆的传力体系，考虑浇筑的顺序对立杆受力的影响。

### 6.2.1 建模的要点

1. 模板-次龙骨-主龙骨-立杆传力体系的模拟

为了清晰地显示模板-次龙骨-主龙骨的接触关系，查看接触点的实际情况，在模板、次龙骨、主龙骨的交点处设置竖杆，竖杆长度短、刚度大，不影响结构的变形和力的传递。在加载过程中，当竖杆受压时，竖杆可传递上层的荷载到下层结构；当竖杆受拉时，节点处的构件实际上已经分离，体系已经发生改变，竖杆退出工作，进而影响了其余构件的受力分布。

同理，对于立杆，也只能受压，不能受拉。当立杆受拉时，立杆上部的主龙骨已经翘起，体系已经发生改变，立杆不参与工作，其余立杆的受力将重新分布。

计算流程见图 6-8。

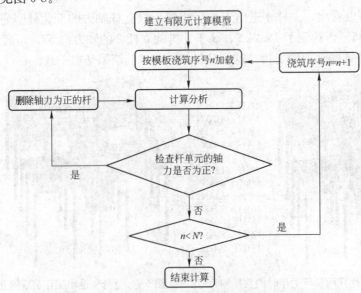

图 6-8 模型计算分析流程图（N 为最大浇筑序号）

2. 浇筑过程的模拟

为实现混凝土浇筑过程的模拟，将模板细化，在一个相邻立杆围成的矩形区域内，板被分成均等的若干单元。在施加荷载时，现浇混凝土重量和施工荷载作为后期加载，逐块施加在每块单元上，以实现浇筑过程的模拟。

3. 计算模型

(1) 计算假定：

1) 模板支撑体系无水平侧移，即使在不对称荷载作用下，模板也只能发生竖向位移；

2) 不考虑风荷载、地震作用；

3) 忽略水平施工荷载。

(2) 单元的选用：利用 ANSYS 软件空间三维建模，选取 Shell63、Beam4 和 Link8 等单元。

(3) 荷载：模板支架体系所受荷载主要有永久荷载和可变荷载两项。

1) 永久荷载：

① 模板自重：按 0.04kN/m² 计；

② 钢筋自重：按 3kN/m³ 取值。

2) 可变荷载(按施工单位支架设计说明书取值)：

① 所浇灌的混凝土重量：按 22kN/m³ 计；

② 施工人员、施工设备重量：取 2.5kN/m²；

③ 振捣混凝土时产生的荷载：取 2kN/m²。

### 6.2.2 浇筑过程中模板支架的受力分析

依照北京某会所的模板支架，模板采用 12mm 厚多层板，主龙骨采用 100mm×100mm 方木，次龙骨采用 50mm×100mm 方木，搭设高度为 8.7m，立杆纵向间距0.9m，横向间距 0.6m，步距 1.2m，混凝土板厚 200mm。考虑到方木的实际长度和工程实际情况，采用 4 跨(纵向)×4 跨(横向)的架体单元(图 6-9)作为研究对象。

模板编号见图 6-10。

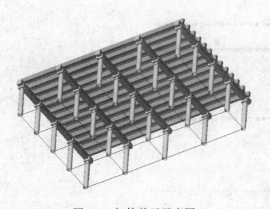
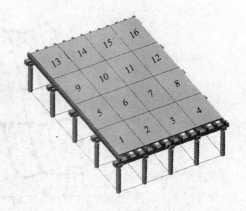

图 6-9　架体单元示意图　　　　　图 6-10　模板编号

为了与相关规范一致，混凝土材料自重的荷载分项系数暂且按 1.2 取值。

(1) 初始施加的均布荷载：钢筋网自重(标准值 3kN/m³)，模板的自重(标准值

$0.04kN/m^2$)。

标准值 $\qquad G_k = 3kN/m^3 \times 0.2m + 0.04kN/m^2 = 640N/m^2$

设计值 $\qquad 1.2G_k = 1.2 \times 640N/m^2 = 768N/m^2$

（2）每块逐步施加的均布荷载：素混凝土自重（标准值 22 $kN/m^3$），施工人员及设备自重（标准值 2.5 $kN/m^2$），振捣时产生的荷载（标准值 2 $kN/m^2$）。

设计值 $1.2 \times 22kN/m^3 \times 0.2m + 1.4 \times (2500 + 2000)N/m^2 = 11580N/m^2$

对于加载到某些分块出现立杆受拉的情况，为了更为细致了解加载过程出现的特殊情况，对致使立杆受拉的加载浇筑板块进一步细化，将一些最初设计的板块加载面积一分为三，加载顺序见图 6-11。

参照图 6-12 所示的立杆编号，通过计算得整个加载过程的立杆轴力，见图 6-13～图 6-18。可以看出立杆受力不均匀，内部立杆轴力较周边立杆轴力大。

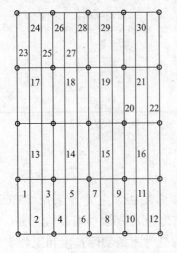

图 6-11　混凝土浇筑顺序编号

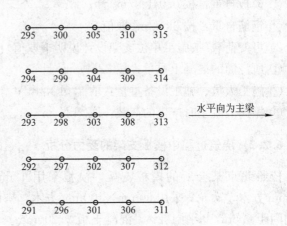

图 6-12　主龙骨下立杆编号

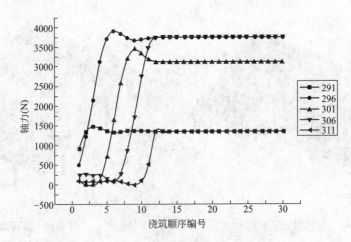

图 6-13　第 1 排立杆的轴力图

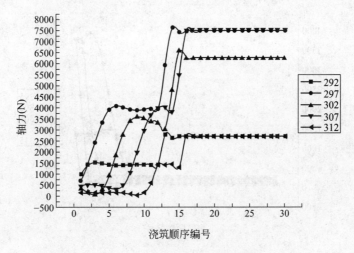

图 6-14　第 2 排立杆的轴力图

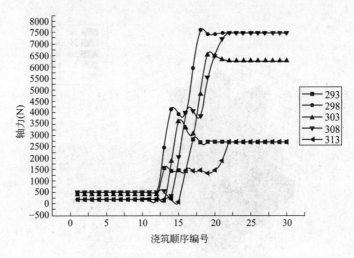

图 6-15　第 3 排立杆的轴力图

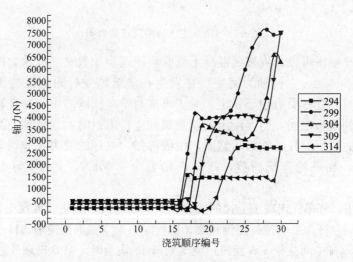

图 6-16　第 4 排立杆的轴力图

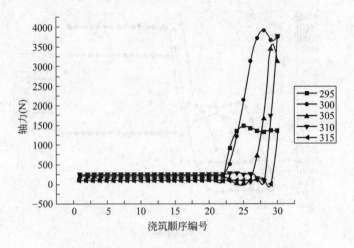

图 6-17　第 5 排立杆的轴力图

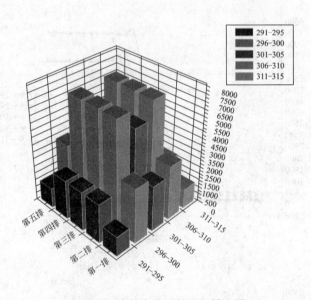

图 6-18　浇筑完成后的立杆轴力图

　　通过上述 6 幅图可以看到按照混凝土浇筑顺序逐步加载时立杆轴力的变化过程。立杆受力过程呈阶梯状，立杆轴力突变往往发生在浇筑该立杆附近混凝土时，当浇筑完毕，远离立杆时，立杆受力趋于稳定。对于出现两个阶梯状的中间立杆轴力图，是因为该立杆位于两列模板之间，当混凝土重新浇筑到立杆附近时，立杆轴力又增加。图 6-18 是混凝土浇筑完成后立杆的轴力示意图，由图可知，立杆的受力并非均匀，立杆最大轴力为 7.634kN，如平均分配荷载，则立杆轴力为 6.66kN，立杆实际受力比设计值大了 14.5%。

　　计算过程中，杆单元出现了受拉的情况。其中较为典型的是：混凝土浇筑到第 1 块板时，第 1 排中间立杆 301 受拉；浇筑到第 3 块板时，第 1 排右侧立杆 311 受拉；浇筑到第 13 块板时，第 5 排中间立杆 305 受拉；浇筑到第 15 块板时，第 5 排最外边立杆 315 受拉。

浇筑到中出现拉杆位置见图 6-19。

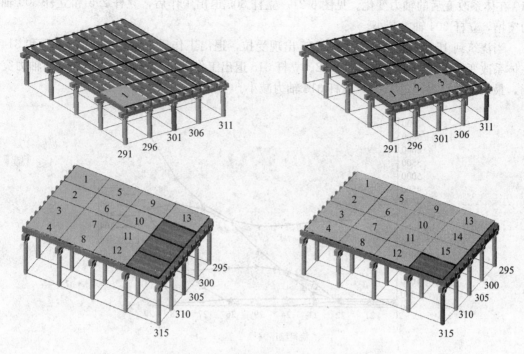

图 6-19　浇筑中出现拉杆的位置图

以下对 3 个出现拉杆的情况做局部分析：

当浇筑到 1 号板附近时，立杆 301 出现受拉，退出工作后观察立杆 291、302、306、311 在体系改变后的轴力变化，见图 6-20。立杆 301 退出工作后，立杆 291 轴力突增，立杆 302 轴力减小。当活荷载更大时，轴力减小的立杆还有出现受拉的可能，退出工作，这就使剩余的某些立杆产生更大的轴力。

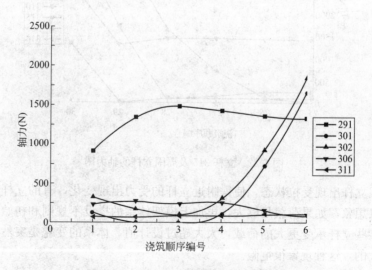

图 6-20　立杆 301 及周围立杆的轴力图

当浇筑到 13 号板附近时，立杆 305 出现受拉，退出工作后观察立杆 295、300、304、310 在体系改变后的轴力变化。见图 6-21。立杆 305 退出工作后，立杆 295 和立杆 300 轴力突增，立杆 304 轴力减小。

当浇筑到 15 号板附近时，立杆 315 出现受拉，退出工作后观察立杆 310、305 和 314 在体系改变后的轴力变化，见图 6-22。立杆 315 退出工作后，立杆 305 及立杆 310 轴力突增，最大轴力增大超过 76％，立杆 314 轴力减小。

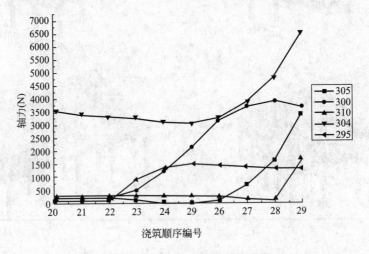

图 6-21　立杆 305 及周围立杆的轴力图

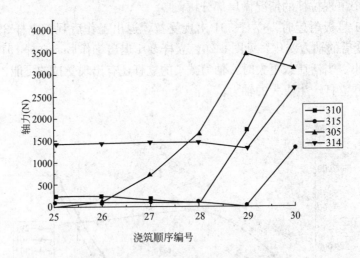

图 6-22　立杆 315 及周围立杆的轴力图

以上几根立杆出现受拉状态，使得附近立杆的受力出现变化，有的立杆轴力有了大幅度增加。可以想象，如果荷载足够大，再加上模架体系的搭设不规则和初始残缺等现象的存在，将使某些立杆承受更大的荷载，大大超过设计值。体系的变化是突然的，立杆轴力也是突然增大的，这种现象很危险。

### 6.2.3 立杆不参与工作(虚搭)对结构的影响

根据文献［37］记载的支架试验测试的结果，发现实际工作中有些立杆未受力，说明它们实际上不参加支撑工作，这使得工作立杆数量减少，其他立杆的轴力也会发生变化。文献［37］显示，24 根立杆中非零立杆 18 根，有 25％的立杆不参与工作。本节随机地将第 296 号、299 号、305 号、311 号和 313 号立杆视为虚搭立杆(位置见图 6-23)，不参与工作，立杆有效率为 80％。对模型进行加载，重新计算，所有立杆最大轴力对比见表 6-1，主要立杆轴力的变化见图 6-24。

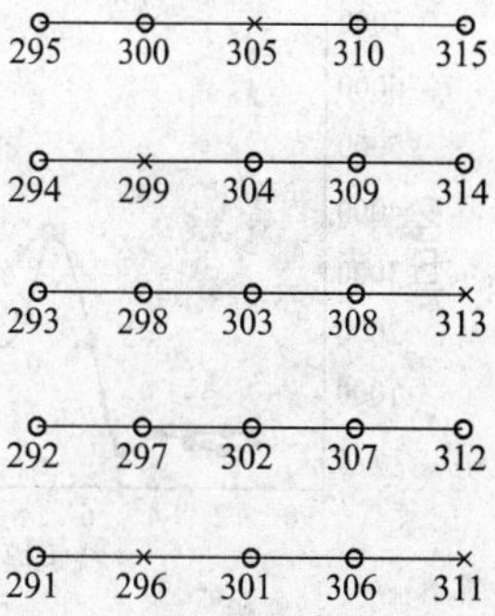

图 6-23　虚搭立杆位置图

**立杆最大轴力对比表**　　　　　　　　　　　　　　表 6-1

| 立杆编号 | 立杆轴力(kN) | | 变化率(%) |
| --- | --- | --- | --- |
| | 有虚搭立杆 | 无虚搭立杆 | |
| 291 | 2.95 | 1.48 | 98.6 |
| 292 | 2.71 | 2.80 | −3.2 |
| 293 | 2.75 | 2.81 | −2.0 |
| 294 | 5.13 | 2.80 | 82.8 |
| 295 | 1.44 | 1.48 | −2.6 |
| 297 | 8.00 | 7.62 | 5.0 |
| 298 | 8.90 | 7.63 | 16.5 |
| 300 | 7.00 | 3.90 | 79.3 |
| 301 | 6.60 | 3.45 | 90.9 |
| 302 | 6.47 | 6.55 | −1.3 |
| 303 | 5.50 | 6.55 | −16.0 |
| 304 | 12.78 | 6.55 | 95.2 |
| 306 | 5.35 | 3.76 | 42.5 |
| 307 | 7.45 | 7.49 | −0.5 |
| 308 | 10.92 | 7.50 | 45.5 |
| 309 | 5.16 | 7.48 | −31.0 |
| 310 | 5.74 | 3.75 | 52.9 |
| 312 | 3.77 | 2.70 | 39.7 |
| 314 | 3.81 | 2.69 | 41.4 |
| 最大值 | 12.78 | 7.63 | 41.4 |

由表 6-1 和图 6-24 可以看出，有些杆轴力有所减小，但变化值比较小；大部分立杆轴力增大，如立杆 304，增大率达到 95.2％。由表 6-1 最后一行可以看出立杆虚搭后最大轴力为 12.78kN，比理想情况下的最大轴力大了 41.4％。上述结果是立杆有效率为

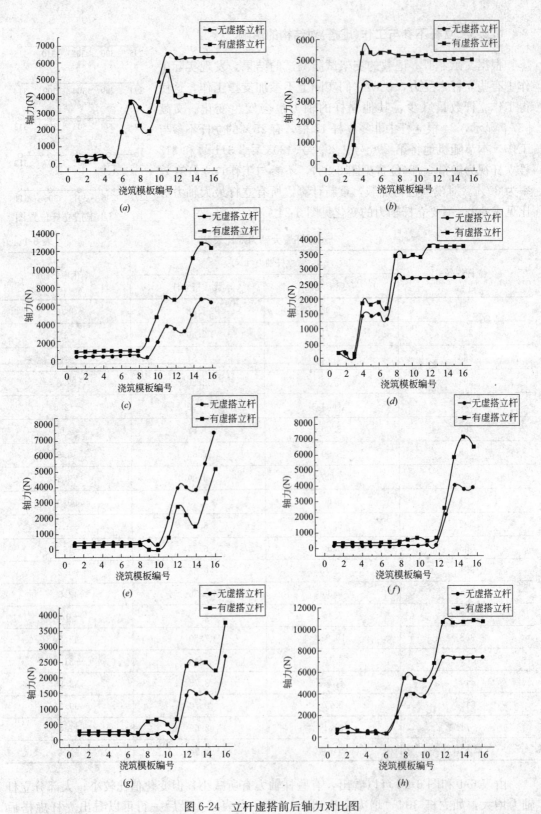

图 6-24 立杆虚搭前后轴力对比图

(a)立杆 303；(b)立杆 306；(c)立杆 304；(d)立杆 312；(e)立杆 309；(f)立杆 300；(g)立杆 314；(h)立杆 308

80%的分析结果，而实际中如果遇到立杆有效率更低的支架，立杆轴力会增大更多，十分危险。

### 6.2.4 与规范给定方法的比较

1. 荷载设计值

以上述会所的支架为例。

恒载：钢筋混凝土自重：25kN/m³；模板的自重：0.04kN/m²。

活载：施工人员及设备自重：2.5kN/m²；振捣时产生的荷载：2kN/m²。

恒载计算：

钢筋混凝土板的自重：$G_1＝0.6m×0.9m×0.2m×25kN/m^3＝2.7kN$

模板的自重：$G_2＝0.6m×0.9m×0.04kN/m^2＝0.022kN$

恒荷载设计值 $G＝1.2(G_1＋G_2)＝3.266kN$

活载计算（按施工单位支架设计说明书取值计算）：

施工人员及设备自重：$Q_1＝0.6m×0.9m×2.5kN/m^2＝1.35kN$

振捣混凝土产生的荷载：$Q_2＝0.6m×0.9m×2.0kN/m^2＝1.08kN$

活荷载设计值 $Q＝1.4(Q_1＋Q_2)＝3.402kN$

设计荷载：$G＋Q＝6.668kN$

2. 有限元计算值与设计值的对比

由 6.2.3 节的计算分析可以得到，在无立杆虚搭与存在立杆虚搭两种情况下，模板支撑体系中立杆受力变化。

图 6-25 是无立杆虚搭时立杆轴力与设计值的对比图，部分立杆轴力最大值与设计值的对比见表 6-2。

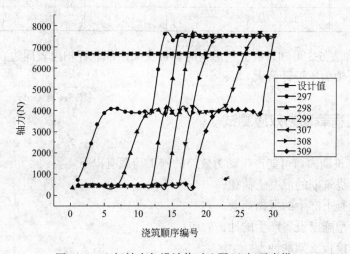

图 6-25 立杆轴力与设计值对比图（立杆无虚搭）

**立杆轴力（立杆无虚搭）**  表 6-2

| 立杆编号 | 297 | 298 | 299 | 307 | 308 | 309 |
|---|---|---|---|---|---|---|
| 轴力(kN) | 7.49 | 7.51 | 7.63 | 7.49 | 7.50 | 7.49 |
| 与设计值的差(%) | 12.4 | 12.6 | 14.5 | 12.4 | 12.6 | 12.3 |

由表 6-2 数据分析可知，本次计算的最大轴力比设计值大 14.5%。

图 6-26 为模型中剔除虚搭立杆后剩余部分立杆轴力与设计立杆轴力值的对比图。存在立杆虚搭时部分立杆轴力最大值与设计值的对比见表 6-3。

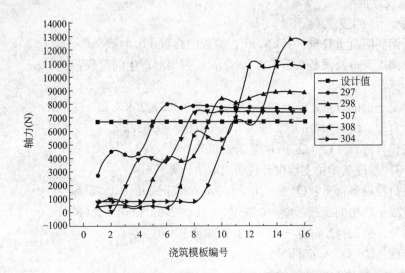

图 6-26　立杆轴力与设计值对比图（有立杆虚搭）

**立杆轴力**（有立杆虚搭）　　　　　　　　　　　　　　　　　　　　　表 6-3

| 立杆编号 | 297 | 298 | 304 | 307 | 308 |
|---|---|---|---|---|---|
| 轴力(kN) | 7.63 | 8.87 | 12.45 | 7.45 | 10.76 |
| 与设计值的差(%) | 14.5 | 33.0 | 86.8 | 11.7 | 61.3 |

由图 6-26 和表 6-3 可知，有立杆虚搭时模板支架中部立杆轴力较周边立杆轴力大，本次计算发现最大轴力比设计值大 86.8%。

## 6.3　施工荷载动力效应测试

在混凝土浇筑期内，可能产生动力效应的施工荷载有以下 4 类：

(1) 混凝土浇筑期的混凝土荷载；

(2) 振捣混凝土产生的振捣荷载；

(3) 放置大型施工设备产生的冲击效应；

(4) 泵管对模板支架的冲击。

我国早期的《混凝土结构施工及验收规范》(GB 50204—1992)给出了倾倒和振捣混凝土时产生荷载的标准值，以后相关技术规范沿用了这些取值。然而上述规范所给的荷载是针对直接承受施工荷载的水平模板和垂直模板的，对于模板支架而言，荷载的动力效应经过模板、次龙骨和主龙骨的层层传递后如何变化是值得关注的问题。

本章通过 2 个工地的试验测试，研究上述荷载对支架受力的影响。

### 6.3.1 试验测试

1. 测试工程简介

(1) 北京某图书馆

结构形式为框架结构，地上 5 层。其中 2 层为书库，净空 5.0m，楼面活荷载较大，采用后张法对楼面体系施加预应力，为试验的测试区域。板厚 120mm，框架主梁梁高 1200mm，宽 500mm，次梁梁高 1000mm，宽 350mm。采用碗扣式模板支架，无剪刀撑，主次龙骨均为木龙骨，支架的构造图见图 6-27，称该支架为支架 1。

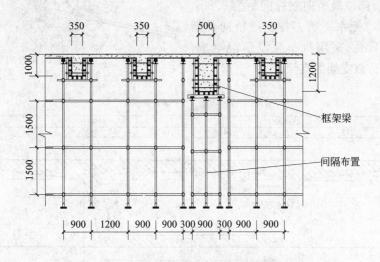

图 6-27 支架 1 的构造示意图

采用泵送混凝土，两台布料机浇筑，泵管按《混凝土泵送施工技术规程》(JGJ/T 10—1995)设计和布置，每隔 3m 左右设一道木方，以支撑水平泵管的重量。布料机的泵管布置路线见图 6-28，泵管底部拐弯处设有如图 6-29 所示的约束，约束为独立设施，与支架没有联系。

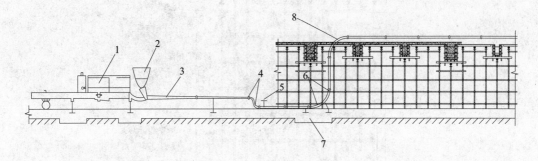

图 6-28 支架 1 泵管立面布置图

1—混凝土泵；2—料斗；3—锥形管；4—45°弯管；5—逆止阀；
6—$R=1000mm$ 的 90°弯管；7—基础；8—$R=1000mm$ 的 90°弯管

(2) 北京城铁亦庄线某混凝土桥

现浇 30m 混凝土箱梁，截面采用斜腹板箱梁，见图 6-30。其中底板厚 250mm，顶板厚 250mm，腹板厚 320mm，翼缘板厚 180～400mm。采用碗扣式支架施工，支撑体系的最大搭设高度为 10.2m，主次龙骨均为木龙骨，立杆步距 1.2m。顺桥向底板和斜腹板下的立杆间距为 0.6m，翼缘板下立杆间距为 0.90m；梁端部的 5m 范围内横桥向立杆间距为 0.6m，其余部位横桥向立杆间距为 0.9m。有竖向剪刀撑，无水平剪刀撑。顺桥向支架构造图见图 6-31。采用汽车泵浇筑混凝土，振动棒振捣。称该支架为支架 2。

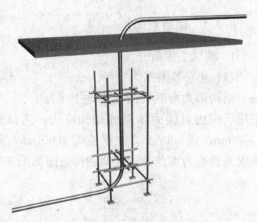

图 6-29　支架 1 的竖向泵管约束示意图

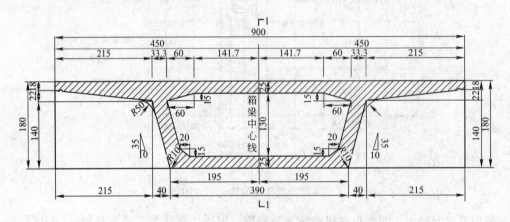

图 6-30　混凝土桥跨中截面(单位：cm)

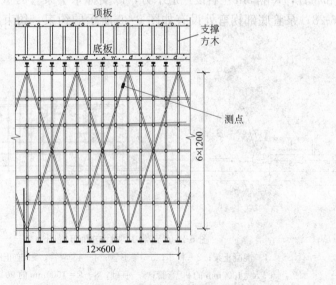

图 6-31　支架 2 顺桥向支架构造和测点布置图

2. 测试方法和测试部位

经计算分析，发现支架1和支架2的前3阶自振频率在8~12Hz之间，故采样频率定为200Hz，采用DH3817同步采样应变测试系统。

在支架1上进行3项测试：(1)测试浇筑和振捣混凝土等施工操作在支架上产生的荷载动力效应；(2)测试泵管往复运动对支架的冲击效应；(3)测试放置大型施工设备产生的冲击效应。测试区域、测点布置和布料机放置部位见图6-32。

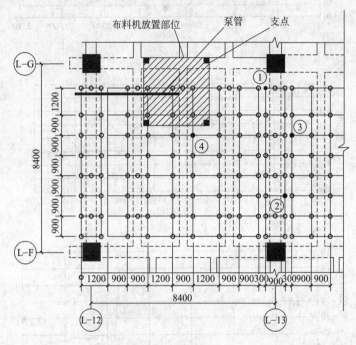

图6-32 支架1测试区域和测点、布料机及泵管位置

在支架1上布置了4个测点，其中测点①和测点②在混凝土梁下的立杆上，测点③在混凝土板下的立杆上，以上三个测点离布料机和泵管较远，基本不受其工作的影响，用以完成第1项测试任务，采样"0"时刻为开始浇筑混凝土前5s左右。测点④位于布料机下方的立杆上，用以完成第2项和第3项测试任务。其中，第2项测试任务与第1项测试任务同步进行；第3项测试任务在混凝土浇筑前完成，采用最为保守的方法，放置重达3t的布料机，即塔吊将布料机吊至指定位置上方约0.2m，在即将放下之前，将向下的速度控制到最小，几乎为"0"，让布料机的一个支点先落在模板面上，其余支点再慢慢下落。采样"0"时刻为放置布料机前约20s。

在支架2上，测试浇筑和振捣混凝土等施工操作在竖向剪刀撑上产生的荷载动力效应，测点选在距桥梁端部6~8m的顺桥向剪刀撑上部，见图6-31。采样"0"时刻为开始浇筑混凝土前5s左右。

### 6.3.2 测试结果和数据分析

1. 浇筑和振捣产生的荷载动力效应

支架1上混凝土的浇筑过程持续了6个多小时，其中机械故障的修理占去了1个多小时。3个测点所测得的应变时程见图6-33。

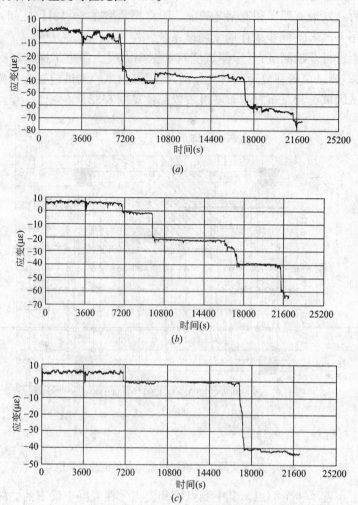

图 6-33　支架 1 立杆的应变时程

(a)测点①处立杆；(b)测点②处立杆；(c)测点③处立杆

支架 2 上混凝土的浇筑过程持续了 7 个多小时，其中前 2 个小时已将影响测点处竖向剪刀撑受力的混凝土浇筑完毕。在此期间，测点处剪刀撑的应变时程见图6-34。

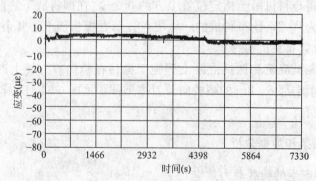

图 6-34　支架 2 测点处竖向剪刀撑的应变时程

从图 6-33 所示的立杆应变时程曲线可以看出，浇筑混凝土对模板支架所产生的动力效应很小；振捣过程中立杆的受力没有发生明显的变化。

从图 6-34 所示的竖向剪刀撑的应变时程可以看出，在整个混凝土的浇筑和振捣过程中，剪刀撑的应变几乎没有发生明显的变化。

2. 泵管对支架的冲击效应

支架 1 上的测点④在混凝土浇筑过程的应变时程见图 6-35。

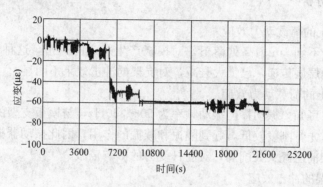

图 6-35　浇筑混凝土时支架 1 测点④处立杆的应变时程

从图 6-35 可以看出，测点④处立杆的应变幅值在多个时间段内发生了较大变化，最大值达到 $18\mu\varepsilon$，为测点处立杆最大应变的 26%。通过查阅试验记录可以发现，在图 6-35 中应变幅值变化较大的各时间段内混凝土泵正在通过泵管输送混凝土，泵管对支架的冲击效应十分明显。

3. 放置大型布料设备对支架的冲击效应

放置布料机时支架 1 上测点④处的立杆应变时程见图 6-36。

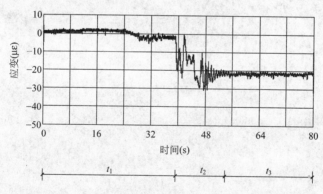

图 6-36　放置布料机时支架 1 测点④处立杆的应变时程

可以将应变记录时间分为 3 个时段，如图 6-36 所示。$t_1$ 为放置布料机前的时段，$t_2$ 为放置布料机引起立杆振动的时段，$t_3$ 为振动衰减基本完毕后的时段，可以认为在 $t_3$ 内支架承受静力荷载。

荷载的动力系数 $\psi$ 用下式计算：

$$\psi = \frac{S_{t_2\max}}{S_{t_3}} \tag{6-4}$$

75

式中  $S_{t_2 max}$ ——$t_2$ 时段内最大荷载效应；

$\quad\quad S_{t_3}$ ——$t_3$ 时段的荷载效应，即布料机自重的荷载效应。

根据图 6-36 可以得出：

$$\psi=\frac{32.1}{23.3}=1.38$$

### 6.3.3  理论分析

1. 浇筑混凝土的荷载动力效应

混凝土直接从不到 1m 的高处落下，对模板产生一定的冲击，这种冲击力通过模板、次龙骨和主龙骨的层层传递，已大大衰减，对支架的冲击效果不明显。

2. 振捣混凝土的荷载动力效应

从文献 [46] 可知，振动棒的振动频率为 50～260Hz，与模板支架的前 3 阶自振频率相差甚远；主次木龙骨刚度较低，起到隔振和减振的作用，因此振动器振动引起的荷载动力效应在到达支架前已经大大削弱，对立杆受力的影响轻微。

3. 泵管对支架的冲击效应

混凝土泵一般采用双缸往复式活塞，通过两个油缸交替作用，推动混凝土缸中的工作活塞压送混凝土，实现混凝土的连续输送。混凝土泵在两活塞缸交替工作时会产生液压冲击现象，使得泵管在混凝土泵送期间作往复式水平运动，撞击支撑另一端泵管的布料机。布料机将所受到的水平冲击力传递给模板支架，使其承受冲击力。

4. 放置大型布料设备对支架的冲击效应

根据结构动力学理论，如果突然将布料机的全部重量放置在模板支撑体系上，则动力系数将为 2.0；当分次将布料机的重量施加在支撑体系上时，可以减小冲击作用，本次试验中动力系数减小至 1.38。

# 第7章 混凝土浇筑期楼面施工荷载

混凝土浇筑期内模板支架施工荷载的研究对完善模板支架的设计方法和保证支架的安全性具有重要意义。然而当前有关施工荷载的研究多以整个施工期为研究时段，并未将混凝土浇筑期作为一个特殊的施工阶段来重点考虑。国外，Karshenas 和 Ayoub 通过对美国 22 个项目的现场调查，统计了混凝土浇筑前和混凝土浇筑后作业面上的施工人员、材料、设备的荷载；苗吉军和顾祥林等对我国的 45 个在建项目进行了施工活荷载统计分析，对混凝土构件 5 个阶段的施工荷载进行统计分析；张传敏和方东平等对我国 10 个施工项目的现场调查进行了施工活荷载统计分析；赵挺生等通过现场实测立杆的受力，反算施工活荷载的统计参量。上述研究为开展混凝土浇筑期的荷载研究打下了基础。

本章分析混凝土浇筑期内以下 3 类荷载的取值：(1)混凝土材料荷载；(2)施工人员和小型设备的自重(施工活荷载)；(3)布料机等大型设备的自重。

当分析从无到有的混凝土荷载、局部集中度较高的施工活荷载和大型布料设备自重荷载时，当前普遍使用的基于二维平稳随机场模型的各种施工活荷载的调研和统计方法不再适用。作者根据浇筑期内施工荷载的特点，提出了一种新的施工荷载的研究方法，即将二维结构的影响线理论推广到三维结构，研究模板支撑体系中最重要和控制设计验算的受力构件——支架立杆的影响面，在对施工工地调研的基础上，依据立杆轴力影响面的特点和调研数据，提出各类施工荷载标准值的取值方法。

## 7.1 立杆轴力的影响面

我国普遍使用的三维模板支撑体系如图 7-1 所示。作用在模板面上的施工荷载通过次龙骨、主龙骨和 U 形托传递给支架立杆，立杆承受轴向压力。

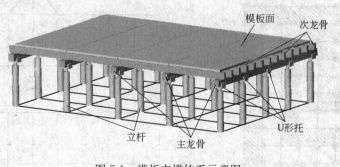

图 7-1 模板支撑体系示意图

### 7.1.1 影响面的特征

采用机动法得到立杆轴力的影响面。利用 ANSYS 软件建模和计算分析，不考虑施工过程中人为因素的影响，用板单元模拟模板，用梁单元模拟次龙骨和主龙骨，用杆单元模拟支架立杆，材料参数见表7-1，不考虑施工过程中人为因素的影响，建立三维有限元计算模型。

材料参数　　　　　　　　　　　　　　　　　　　　　表7-1

| 材料名称 | 几何尺寸(mm) | | 弹性模量(N/m²) | 密度(kg/m³) |
|---|---|---|---|---|
| 钢管 | 外径48 | 壁厚3.5 | 2.06×10¹¹ | 7.85×10³ |
| 主龙骨 | 高100 | 宽100 | 1.0×10¹⁰ | 500 |
| 次龙骨 | 高100 | 宽50 | 1.0×10¹⁰ | 500 |
| 模板 | 厚15 | | 1.0×10¹⁰ | 700 |

对于图7-2中的目标立杆，由机动法得到其轴力的影响面，见图7-3。

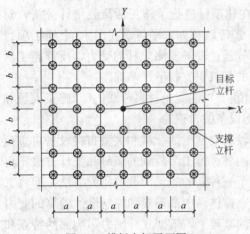

图7-2　模板支架平面图

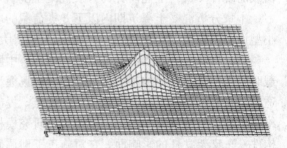

图7-3　目标立杆轴力的影响面

经分析发现次龙骨间距对影响面几乎没有影响，而立杆的纵向间距 $a$ 和横向间距 $b$（本文称之为基本搭设参数）对影响面的影响不可忽视。根据 $a$ 和 $b$ 的不同，影响面被间隔地分为正影响区和负影响区，如图7-4所示。其中，第一、三、五等部分为正影响区，第二、四、六等部分为负影响区，影响面的剖面图见图7-5。

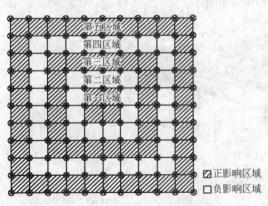

图7-4　立杆轴力影响面的正负区域划分

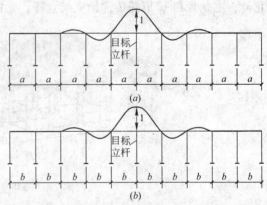

图7-5　影响面剖面图
(a) $x$ 轴方向；(b) $y$ 轴方向

### 7.1.2 影响面的拟合

从图 7-5 可以看出，作用在第一区域的荷载对立杆轴力的贡献最大，作用在第二区域和第三区域的荷载对立杆轴力的贡献依次减小了许多，作用在其他区域的荷载对立杆轴力的贡献十分有限，可以忽略不计。

(1) 第一区域影响面的拟合

根据图 7-3 和图 7-5 可知，第一区域影响面的形状比较接近余弦曲面和高斯曲面，两个曲面的方程式可用以下两式分别表示：

$$Z_1(x, y) = \cos\frac{\pi x}{2a}\cos\frac{\pi y}{2b} \tag{7-1}$$

$$Z_1(x, y) = \exp\left[-\left(\frac{x}{\sigma_1}\right)^2 - \left(\frac{y}{\sigma_2}\right)^2 + \frac{\rho x y}{\sigma_1 \sigma_2}\right] \tag{7-2}$$

式中　$Z_1(x, y)$——第一区域的影响面高度；

$\sigma_1$、$\sigma_2$、$\rho$——待定参数。

式(7-1)为确定的表达式，式(7-2)为含待定参数的表达式。为了确定待定参数，本文采用枚举法，选取以下基本搭设参数①$a=0.9\mathrm{m}$、$b=0.9\mathrm{m}$，②$a=1.2\mathrm{m}$、$b=1.2\mathrm{m}$，③$a=1.5\mathrm{m}$、$b=1.5\mathrm{m}$，④$a=0.9\mathrm{m}$、$b=1.2\mathrm{m}$，⑤$a=1.2\mathrm{m}$、$b=1.5\mathrm{m}$ 的模板支架，以第一区域内关键点的影响面高度的拟合值与有限元计算值的绝对误差值之和最小为最优条件。经比较发现，当 $\sigma_1=0.65a$、$\sigma_2=0.65b$、$\rho=0.2$ 时，式(7-2)的拟合效果最好，平均误差在 5% 以内，而且拟合精度优于式(7-1)，故选式(7-2)为影响面的表达式。

(2) 第二区域和第三区域影响面的拟合

从图 7-5 可以看出第二区域影响面的剖面图比较接近正弦曲线。经计算分析，可用下式近似表达：

$$Z_2(x, y) = -(0.022a+0.051)\sin\frac{\pi(|x|-a)}{a}，（左右区域） \tag{7-3a}$$

$$Z_2(x, y) = -(0.022b+0.051)\sin\frac{\pi(|y|-b)}{b}，（上下区域） \tag{7-3a}$$

从图 7-5 可以看出第三区域影响面的剖面图也比较接近正弦曲线。经计算分析，可用下式近似表达：

$$Z_3(x, y) = (0.0048a+0.0064)\sin\frac{\pi(|x|-2a)}{a}（左右区域） \tag{7-4a}$$

$$Z_3(x, y) = (0.0048b+0.0064)\sin\frac{\pi(|y|-2b)}{b}（上下区域） \tag{7-4b}$$

### 7.1.3 等效影响面高度

当局部均布单位荷载 $W(x, y)$ 作用在模板上时，立杆轴力可用下式计算：

$$N_{Ai} = \iint\limits_{A_i} W(x,y)Z(x,y)\mathrm{d}x\mathrm{d}y \tag{7-5}$$

式中　$N_{Ai}$——目标立杆的轴力；

$A_i$——荷载作用面积；

$Z(x, y)$——目标立杆轴力影响面的表达式。

当 $W(x, y)$ 仅作用在第一区域的时，该区域的等效影响面高度 $r_1$ 为：

$$r_1 = \frac{\int_{-b}^{b}\int_{-a}^{a}Z_1(x, y)\mathrm{d}x\mathrm{d}y}{A_1} = \frac{N_{A_1}}{4ab} \tag{7-6}$$

当 $W(x, y)$ 仅作用在第二区域时，该区域的等效影响面高度 $r_2$ 为：

$$r_2 = \frac{\iint_{A_2}Z_2(x, y)\mathrm{d}x\mathrm{d}y}{A_2} = \frac{N_{A_2}}{12ab} \tag{7-7}$$

当 $W(x, y)$ 仅作用在第三区域时，该区域的等效影响面高度 $r_3$ 为：

$$r_3 = \frac{\iint_{A_3}Z_3(x, y)\mathrm{d}x\mathrm{d}y}{A_3} = \frac{N_{A_3}}{20ab} \tag{7-8}$$

等效影响面高度如图 7-6 所示。

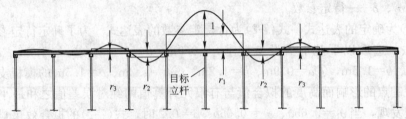

图 7-6　等效影响面示意图

用式(7-6)、式(7-7)和式(7-8)计算分析不同搭设参数下立杆轴力等效影响面高度，计算结果见表 7-2。

立杆轴力等效影响面高度　　　　　　　　　　　　　　　　表 7-2

| $a \times b$(m×m) | 不同荷载布置区域的立杆轴力 | | | 等效影响面高度 | | |
|---|---|---|---|---|---|---|
| | 第 1 区域 | 第 2 区域 | 第 3 区域 | $r_1$ | $r_2$ | $r_3$ |
| 1×1 | 1.212 | −0.259 | 0.057 | 0.30 | −0.022 | 0.0028 |
| 0.6×0.6 | 0.415 | −0.058 | 0.009 | 0.29 | −0.014 | 0.0013 |
| 0.6×0.9 | 0.629 | −0.105 | 0.015 | 0.29 | −0.016 | 0.0014 |
| 0.9×0.9 | 0.972 | −0.195 | 0.041 | 0.30 | −0.020 | 0.0025 |
| 1.2×1.2 | 1.756 | −0.39 | 0.082 | 0.30 | −0.023 | 0.0028 |
| 0.9×1.2 | 1.303 | −0.27 | 0.059 | 0.30 | −0.021 | 0.0027 |
| 1.2×1.5 | 2.194 | −0.368 | 0.117 | 0.30 | −0.017 | 0.0032 |
| 1.5×1.5 | 2.758 | −0.632 | 0.154 | 0.31 | −0.023 | 0.0034 |

分析表 7-2 的计算数据，可以看出 $r_1$ 的取值在 $0.29 \sim 0.31$ 之间，$r_2$ 的取值在 $-0.014 \sim -0.023$ 之间，$r_3$ 取值在 $0.0013 \sim 0.0034$ 之间，$r_1$、$r_2$ 和 $r_3$ 可分别取平均值，即 0.30、$-0.019$和0.0025。

## 7.2　施工荷载的调查

当前，泵送混凝土施工工艺已被广泛采用，上一章对采用该工艺浇筑混凝土的模板支架进行了动力试验，测试结果已经表明，初期施加的混凝土对模板支架有一定的冲击，之后逐步施加的混凝土对模板支架几乎不产生冲击；振捣过程中模板支架立杆的受力几乎没有变化，因此将混凝土荷载看作静荷载，同时忽略混凝土振捣荷载。对全国 20 个框架、框剪、剪力墙结构和混凝土箱梁的施工工地进行调研，重点关注影响面所示的最不利荷载作用区域的荷载。

### 7.2.1 最不利荷载的考虑方法

1. 混凝土材料荷载

为了满足混凝土泵送时对和易性的要求，泵送混凝土的坍落度均较大，在浇筑区域几乎不会形成明显的堆积，所以本文将混凝土的材料荷载视为局部均布活荷载，只考虑荷载作用在最不利区域即第一区域的等效均布荷载。

按实际工程中习惯采用的承载面积 $A_T$ 考虑，等效均布荷载可按下式计算：

$$Q_{CE} = \frac{N_{A1}}{A_T} = \frac{N_{A1}}{ab} = 4r_1 = 4 \times 0.30 = 1.2 \qquad (7-9)$$

2. 施工人员和小型设备的自重

浇筑混凝土时，施工人员的位置经常变化，较难找出规律。依据影响面的特点，考虑最不利情况下的人员分布。将施工人员全部分布于第一区域和第三区域内，这样施工人员荷载对目标立杆的轴力影响是最不利的情况，第一区域和第三区域的施工人员数量是调研的重点。

3. 大型设备布料机及其配重的荷载

布料机及其配重的重量通过四个支点传递到支撑体系，根据影响面的特点，可以断定其中的一个支点落在目标立杆上面的模板上时，立杆的受力最为不利。

图 7-7 展示了布料机分别在立杆间距为 0.9m、1.0m、1.2m 和 1.5m 等情况下四个撑脚所在的位置。根据图 7-7，可以认为布料机的其他三个支点不会落在第二区域。考虑到第三区域的荷载对目标立杆轴力的贡献十分有限，故忽略了其他三个支点施加的荷载对目标立杆轴力的影响，目标立杆轴力等于布料机及其配重的重量的 1/4。

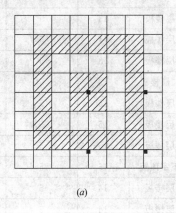
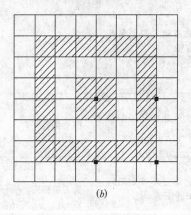

(*a*) (*b*)

图 7-7　布料机撑脚位置示意图(一)

(*a*) $a=0.9$m, $b=0.9$m；(*b*) $a=1.0$m, $b=1.0$m；

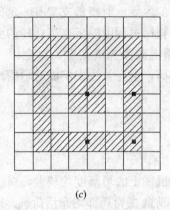 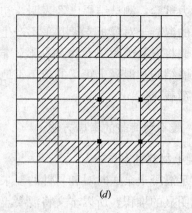

(c)                   (d)

图 7-7 布料机撑脚位置示意图(二)

(c)$a$=1.2m，$b$=1.2m；(d)$a$=1.5m，$b$=1.5m

### 7.2.2 荷载调查

1. 施工人员和小型设备

施工人员和小型设备调查数据见表 7-3。

施工人员和小型设备调查数据           表 7-3

| 序号 | 工程名称 | 结构形式 | 楼层 | 人员数量 | 第一区域 | |
| --- | --- | --- | --- | --- | --- | --- |
| | | | | | 最多人员数 | 小型设备数 |
| 1 | 中国人民大学某工地 | 框架结构 | 地下室顶板 | 16 | 6 | 1 |
| | | | 二层楼板 | 14 | 5 | 1 |
| | | | 三层楼板 | 14 | 5 | 1 |
| 2 | 北京西四环玉泉路城建某工地 | 下部框架结构、上部剪力墙结构 | 地下室顶板 | 17 | 5 | 1 |
| | | | 一层楼板 | 14 | 5 | 1 |
| | | | 二层楼板 | 14 | 5 | 1 |
| 3 | 北京望京东湖名苑住宅楼 | 剪力墙结构 | 地下室顶板 | 15 | 5 | 1 |
| | | | 二层楼板 | 13 | 5 | 1 |
| | | | 三层楼板 | 14 | 5 | 1 |
| | | | 九层楼板 | 13 | 5 | 1 |
| | | | 十二层楼板 | 13 | 5 | 1 |
| 4 | 北京北四环外中科院某工地 | 框架结构 | 二层楼板 | 15 | 5 | 1 |
| | | | 四层楼板 | 15 | 5 | 1 |
| | | | 六层楼板 | 15 | 5 | 1 |
| 5 | 北京三环外太阳宫某城建工地 | 剪力墙结构 | 地下室顶板 | 15 | 5 | 1 |
| | | | 二层楼板 | 14 | 5 | 1 |
| | | | 四层楼板 | 14 | 5 | 1 |
| 6 | 北京交通大学机械工程楼 | 框架结构 | 六层楼板 | 16 | 5 | 1 |
| | | | 八层楼板 | 14 | 5 | 1 |

| 序号 | 工程名称 | 结构形式 | 楼层 | 人员数量 | 第一区域 | |
|---|---|---|---|---|---|---|
| | | | | | 最多人员数 | 小型设备数 |
| 7 | 山东潍坊某建筑 | 剪力墙结构 | 二层楼板 | 15 | 5 | 1 |
| | | | 三层楼板 | 16 | 5 | 1 |
| | | | 四层楼板 | 14 | 5 | 1 |
| 8 | 江西南昌某建筑 | 剪力墙结构 | 一层楼板 | 13 | 6 | 1 |
| | | | 二层楼板 | 16 | 5 | 1 |
| | | | 三层楼板 | 14 | 5 | 1 |
| 9 | 河南省商城县人民检察院技侦大楼 | 框架结构 | 二层楼板 | 14 | 5 | 1 |
| | | | 三层楼板 | 13 | 6 | 1 |
| | | | 四层楼板 | 14 | 5 | 1 |
| | | | 五层楼板东段 | 15 | 5 | 1 |
| 10 | 北京长青国际老年公寓 | 框架结构 | 三层楼板 | 14 | 5 | 1 |
| 11 | 天津塘沽客运码头候船大厅 | | 地下室顶板 | 12 | 4 | 1 |
| 12 | 中国科技馆新馆 | 框剪结构 | 二层楼板 | 16 | 5 | 1 |
| 13 | 北京望京建材城 | 框架结构 | 二层楼板 | 12 | 5 | 1 |
| 14 | 北京交通大学学生活动中心 | 框剪结构 | 一层顶板 | 13 | 5 | 1 |
| 15 | 北京城铁亦庄线二过凉水河桥 | 箱梁 | 0号块 | 11 | 5 | 1 |
| 16 | 北京城铁亦庄线跨京津唐高速桥 | 箱梁 | 0号块 | 17 | 4 | 1 |
| 17 | 北京远洋万和城 | 框架结构 | 二层顶板 | 12 | 4 | 1 |
| 18 | 北京金顶街三区住宅小区底商 | 框架结构 | 一层顶板 | 7 | 4 | 1 |
| 19 | 北京城铁亦庄线某车站 | 框架结构 | 一层顶板 | 14 | 5 | 1 |
| 20 | 中国人民大学图书馆新馆 | 框剪结构 | 二层顶板 | 12 | 4 | 1 |

2. 大型设备的统计数据

目前工地上使用的布料机型号众多，生产厂家也很多，主要的型号及重量见表 7-4。

| 生产厂家 | 布料机型号 | 作业半径(m) | 自重(t) | 配重(t) | 底座尺寸(m) |
|---|---|---|---|---|---|
| 北京金山建筑机械厂 | FTH-12 | 12 | 1.5 | 1.2 | 3×3 |
| | FTH-15 | 15 | 1.7 | 1.5 | 3×3 |
| 河北吉达公司 | BLG-12 | 12 | 1.6 | 1 | — |
| | BLG-15 | 15 | 1.8 | 1.2 | — |
| | BLG-18 | 18 | 2.5 | 1.5 | — |
| 海兴君德利混凝土泵管件有限责任公司 | BLG-12 | 12 | 1.4 | 1 | — |
| | BLG-15 | 15 | 1.7 | 1.2 | — |
| | BLG-18 | 18 | 2 | 1.5 | — |
| 青岛科尼乐重工有限公司 | HG-12 | 12 | 1.4 | 1 | — |
| | HG-15 | 15 | 1.6 | 1.2 | — |
| | HG-18 | 18 | 2.5 | 1.4 | — |
| 海兴万泰机械制造有限公司 | WT-12 | 12 | 1.5 | 0.8 | — |
| | WT-15 | 15 | 1.7 | 1 | — |
| | WT-18 | 18 | 2 | 1.2 | — |
| 盐山县九州管业 | HGS12 | 12 | 2.5 | 0.8 | — |
| | HGS15 | 15 | 3.4 | 1.4 | — |
| 邢台正大机械制造有限公司 | HG10 | 10 | 2.3 | — | — |
| | HG12 | 12 | 2.4 | — | — |
| | HG15 | 15 | 2.7 | — | — |
| 北京建研机械科技有限公司 | HG18 | 18 | 3.5 | — | — |
| | HGH13 | 13 | 1.9 | 1.2 | — |
| 河北省盐山县盛基管件制造有限公司 | BL-12 | 12 | 1.4 | 0.8 | 2.3×2.3 |
| | BL-15 | 15 | 1.8 | 1 | 2.5×2.5 |
| | BL-18 | 18 | 2.2 | 1.2 | 3×3 |

由表 7-4 可以看出，不同厂家生产的布料机在尺寸上和重量上有差别，在 2.2~4.8t。

## 7.3 荷载标准值

### 7.3.1 混凝土材料荷载

计算板下支架立杆的轴力时，混凝土材料荷载取为 1.2 倍材料重量的标准值；计算梁下支架立杆的轴力时，对于流动性较好的泵送混凝土，很难在第一区域堆积到梁的设计高度，因此，不考虑最不利荷载分布情况，材料荷载取为 1.0 倍材料重量的标准值。

### 7.3.2 施工人员和小型设备

根据人员统计结果，只考虑最不利情况，即施工人员分布在第一区域和第三区域上，其上总的施工人员数量按 15 人计算，其中 0.9m×0.9m 设尺寸下第一区域的人员数量取 4 人，1m×1m、1.2m×0.9m 搭设尺寸下第一区域的人员数量统一取 5 人，1.2m×1.2m、1.5m×1.5m、1.5m×1.2m 搭设尺寸下第一区域的人员数量统一取 6 人计算，图 7-8、图 7-9 为第一区域有 6 人和第一区域有 5 人的施工人员分布图。图中原点代表人员位置，阴影部分区域为对目标立杆受力产生正效应的区域。

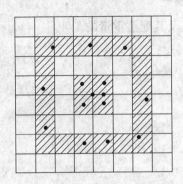
图 7-8　最不利施工人员的分布
（第一区域有 6 人）

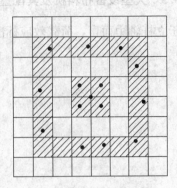
图 7-9　最不利施工人员的分布
（第一区域有 5 人）

等效均布荷载 $Q_1$ 按下式计算：

$$Q_1 = q_1 + q_3 + q_v = N_1 G_P r_1 / A_T + N_3 G_P r_3 / A_T + G_v / A_T \tag{7-10}$$

式中　$q_1$——第一区域内施工人员和小型设备的等效均布荷载，$q_1 = \dfrac{N_1 G_P r_1}{A_T}$；

　　　$q_3$——第三区域内施工人员和小型设备的等效均布荷载，$q_3 = \dfrac{N_3 G_P r_3}{A_T}$；

　　　$q_v$——振捣器和小工具的等效均布荷载，考虑作用在目标立杆正上方，$q_v = G_v / A_T$；

　　　$N_1$——第一区域内施工人员的数量；

　　　$N_3$——第三区域内施工人员的数量；

　　　$A_T$——承载面积；

　　　$G_P$——工人的平均体重，按《2000 年国民体质监测公报》，取为 0.677kN；

　　　$G_v$——振动器和小工具的重量，根据文献 [46] 取 0.30kN。

具体计算结果见表 7-5。

施工人员及小型设备的等效均布荷载　　　　　　　　　　表 7-5

| | 参数 $a×b$(m) | 0.9×0.9 | 1×1 | 1.2×1.2 | 1.5×1.2 | 1.2×0.9 |
|---|---|---|---|---|---|---|
| 第一跨 | 人员数量 $N_1$(人) | 4 | 5 | 6 | 6 | 5 |
| | 等效均布荷载值 $q_1$(kN/m²) | 1.003 | 1.016 | 0.846 | 0.677 | 0.940 |
| | 振动器及随身小工具重（kN） | | | 0.30 | | |
| | 等效均布荷载值 $q_v$(kN/m²) | 0.370 | 0.300 | 0.208 | 0.167 | 0.278 |
| 第三跨 | 人员数量 $N_3$(人) | 11 | 10 | 9 | 9 | 10 |
| | 等效均布荷载值 $q_3$(kN/m²) | 0.023 | 0.017 | 0.011 | 0.009 | 0.016 |
| | 总的荷载值 $Q_1$(kN/m²) | 1.396 | 1.333 | 1.065 | 0.853 | 1.234 |

美国规范"Design Loads on Structure During Construction"（SEI/ASCE37-02）中施工人员的重量按 0.89kN 计算，而表 7-5 中我国施工人员的重量为 2000 年成年人的平均体重，考虑到施工人员多为男性和近年来身体素质的提高，建议施工人员和小型设备的标准值取为 1.5kN/m²。

### 7.3.3 大型设备布料机及其配重的荷载效应标准值

对于立杆轴力而言，荷载效应标准值等于布料机及其配重重量的 1/4。

# 第8章 混凝土浇筑期高大模板支架的稳定性验算方法

在前几章中，通过计算分析、现场调研和试验测试，研究了混凝土浇筑期高大模板支架的极限承载力和承受的荷载，本章将在此基础上提出较为实用的稳定性验算方法。

## 8.1 设计验算方法概述

我国建筑结构设计的基础性规范《建筑结构可靠度设计统一标准》（GBJ 50068—2001)采用校准法确定安全度水平，以保证按容许应力法设计的结构和按概率极限状态设计法设计的结构具有基本相同的安全度水平，容许应力法中稳定性验算的安全系数为2.0，和国外规范的安全度水平一致。在脚手架设计方面，《建筑施工扣件式钢管脚手架安全技术规范》（JGJ 130—2001)虽然采用荷载分项系数，但对结构的承载力予以了调整，对脚手架立杆计算长度增加了附加系数 $k(k=1.155)$，人为地降低了稳定承载力，以确保稳定验算的安全系数不小于2.0，因此脚手架的安全事故较少发生。

我国的《建筑施工扣件式钢管脚手架安全技术规范》（JGJ 130—2001)、《建筑施工碗扣式钢管脚手架安全技术规范》（JGJ 166—2008）和《建筑施工模板安全技术规范》（JGJ 162—2008)，涉及模板支架的设计时都采用概率极限状态设计法，恒载的分项系数为1.2，活载的分项系数为1.4，对模板支架的承载力没有进行调整，致使安全度水平低于国外标准。

2009年7月实施的《工程结构可靠性设计统一标准》（GB 50153—2008)的总则指出，当统计资料不充分时，可以采用容许应力法，这与英美等国规范的思想一致。因此作者提出的方法为安全系数 $K$ 为2.0的设计验算法。设计验算表达式为：

$$R_K = K(S_{Gk} + \sum S_{Qik}) \tag{8-1}$$

式中 $R_k$——结构承载力的标准值；

$S_{Gk}$——永久荷载效应的标准值；

$S_{Qik}$——第 $i$ 个可变荷载效应的标准值。

不同时出现的可变荷载不参与组合。

## 8.2 混凝土浇筑期的荷载标准值

### 8.2.1 永久荷载

永久荷载包括模板自重、木龙骨自重、钢筋自重和支架自重，其标准值记为 $G_k$。

### 8.2.2 可变荷载

对于模板支架而言，振捣混凝土引起的荷载可以不考虑。需考虑的荷载有：

1. 混凝土浇筑期的混凝土荷载

$$Q_{1k} = \alpha G_{1k} \tag{8-2}$$

式中 $Q_{1k}$——混凝土浇筑期的混凝土材料荷载标准值；

$\alpha$——系数，取为 1.2；

$G_{1k}$——混凝土自重的标准值。

2. 施工活荷载

施工活荷载主要指混凝土浇筑期的施工人员和小型设备引起的垂直方向的荷载。其标准值 $Q_{2k} = 1.5 \text{kN/m}^2$。

3. 水平风荷载

模板支架的水平风荷载标准值 $Q_{3k}$ 可按当地 1 年一遇的风压值计算。

4. 布料机及其配重引起的竖向荷载

$$Q_{4k} = c G_{4k} \tag{8-3}$$

式中 $Q_{4k}$——布料机自重引起的竖向荷载；

$c$——动力系数，当需考虑动力效应时，$c$ 取 $1.38 \sim 2.0$，当不考虑动力效应时，$c$ 取 1.0。

对于立杆轴力而言，布料机及其配重引起的竖向荷载效应的标准值等于 $c \dfrac{Q_{4k}}{4}$。

5. 布料机水平振动引起的附加力

$$Q_{5k} = 0.25 P A_x \tag{8-4}$$

式中 $Q_{5k}$——附加力；

$P$——泵管内管道最大压强；

$A_x$——管道截面面积。

该附加力作用在支撑布料机四个撑脚的相关立杆上。

## 8.3 模板支架极限承载力的计算公式

考虑整体稳定的极限承载力，当满足 5.5 节所述的构造要求时，模板支架的极限承载力计算表达式如下：

$$F = \eta \phi f A \tag{8-5}$$

式中 $F$——模板支架的极限承载力；

$\eta$——水平荷载和搭设高度的影响系数，按表 5-12 取值；

$\phi$——稳定系数，根据长细比 $\lambda$，按《冷弯薄壁型钢结构技术规范》(GB 50018—2002)轴心受压构件的稳定系数取值；

$f$——抗拉强度设计值；

$A$——钢管的公称截面面积；

$\lambda$——长细比，$\lambda = l_0/i$；

$l_0$——考虑了整体稳定因素的立杆计算长度，按下式计算：

$$l_0 = h + 1.2(3-h)a \quad \begin{cases} 1.0\text{m} \leqslant h \leqslant 1.8\text{m}, & 0.3\text{m} < a < 1.0\text{m} \\ 0.8\text{m} \leqslant h \leqslant 1.0\text{m}, & 0.3\text{m} \leqslant a \leqslant 0.5\text{m} \end{cases} \tag{8-6}$$

# 本 篇 参 考 文 献

[1] 美国规范 Guide to Formwork for Concrete（ACI347R-03）.

[2] 英国规范 Code of Practice for Falsework（BS5975—1996）.

[3] 美国规范 Design Loads on Structure During Construction(SEI/ASCE 37-02)

[4] 《建筑施工扣件式钢管脚手架安全技术规范》（JGJ 130—2011）

[5] 《建筑施工碗扣式钢管脚手架安全技术规范》（JGJ 166—2008）

[6] 《建筑施工模板安全技术规范》（JGJ 162—2008）

[7] 《钢管脚手架扣件》（GB 15831—1995）

[8] 谢楠，王勇. 超高模板支架的极限承载能力研究［J］. 工程力学，2008，25(A01)：48-153.

[9] 谢楠，王勇，李靖. 高大模板支架极限承载力的计算方法［J］. 工程力学，2010，26(A01)：254-259.

[10] 王勇，谢楠. 水平加强层和竖向剪刀撑对扣件式超高模板支架稳定承载力的影响［J］. 建筑，2007
(16).

[11] Nan Xie, Gang Wang, Weidong Yan, Chao Wang and Hang Hu. Test analysis on Hidden Defect in
High Falsework and Its Effect on Structural Reliability［C］. Proceedings of International Conference
on Reliability Maintainability and Safety. Chengdu, China, 2009：1077-1080.

[12] 谢楠，李政，郝鹏. 混凝土浇筑期模板支架荷载动力效应试验研究［J］. 施工技术，2011，40(16)：
57-60.

[13] 谢楠. 混凝土浇筑期高大模板支架工作状态的试验测试［J］. 工程力学，2011，28(SUP1)：85-89.

[14] 彭喆，谢楠. 竖向剪力撑在模板支架搭设中的作用［J］. 科学技术与工程，2011，11(15)：3468-3471.

[15] 谢楠，梁仁钟，胡杭. 基于影响面的混凝土浇筑期施工荷载研究［J］. 工程力学，2011，28(10)：
173-178.

[16] 高振峰. 土木工程施工机械实用手册［M］. 济南：山东科学技术出版社，2005.

[17] 杜荣军. 建筑施工安全手册［M］. 北京：中国建筑工业出版社，2007.

[18] 袁雪霞，金伟良，鲁征，等. 扣件式钢管支模架稳定承载能力研究［J］. 土木工程学，2006，39(5)：
43-50.

[19] 胡长明，曾凡奎，沈勤，等. 基于真架试验的模板支撑体系失稳模态和承载力研究［G］. //全国
建筑模板与脚手架专业委员会 2008 年年会论文汇编，239-248.

[20] 刘建民，李慧民. 构造因素对扣件式钢管模板支架稳定承载力的影响［J］. 四川建筑科学研究，
2007，33(1)：16-18.

[21] 刘建民. 大型混凝土施工模板结构体系控制技术研究［D］. 西安：西安建筑科技大学，2005.

[22] 施炳华. 高型脚手架与模板支撑架的结构设计［J］. 施工技术，2005，34(3)：46-48.

[23] 李维滨，刘桐，郭正兴. 扣件式钢管模板支架安全性研究与施工建议［J］. 建筑技术，2004，35
(8)：593-595.

[24] 尹德生. 钢管支架结点砖动刚度的测定方法［J］. 实验力学，1994，1. 9(4)：390-393.

[25] 敖鸿斐，李国强. 双排扣件式钢管脚手架的极限稳定承载［J］. 力学研究，200425(2)：213-218.

[26] 高维成. 钢框架组合式脚手架的二阶弹性稳定分析［D］. 哈尔滨：哈尔滨建筑工程学院，1992.

[27] Yen T., Chen H. J., Huang Y. L., et al. Design of Scaffold Shores for Concrete Buildings During

Construction [J]. Journal of the Chinese Institute of Engineers. 1997，20(6)：603-614.

[28] Y. L. Huang，H. J. Chen，D. V. ，Rosowsky et al. Load-Carrying Capacities and Failure Modes of Scaffold-Shoring Systems，Part Ⅰ：Modeling and Experiments [J]. Structural Engineering and Mechanics，2000，10(1)：53-66.

[29] Y. L. Huang，Y. G. Kao，D. V. Rosowsky. Load-Carrying Capacities and Failure Modes of Scaffold-Shoring Systems，Part Ⅱ：An Analytical Model and its Closed-Form Solution [J]. Structural Engineering and Mechanics，2000，10(1)：67-79.

[30] W. K. Yu，K. F. Chung，S. L. Chan. Structural Instability of Multi-Storey Door-Type Modular Steel Scaffolds [J]. Engineering Structures，2004，26(7)：867-881.

[31] L. B. Weesner，H. L. Jones. Experimental and Analytical Capacity of Frame Scaffolding [J]. Engineering Structures，2001，23(6)：592-599.

[32] J. L. Peng，A. D. Pan，D. V. Rosowsky，et al. High Clearance Scaffold Systems during Construction-Ⅰ. Structural Modeling and Modes of Failure [J]. Engineering Structures，1996，18(3)：247-257.

[33] D. V. Rosowsky，et al. High Clearance Scaffold Systems During Construction-Ⅱ. Structural Analysis and Development of Design Guidelines [J]. Engineering Structures，1996，18(3)：258-267.

[34] J. L. Peng，A. D. Pan，S. L. Chan. Simplified Models for Analysis and Design of Modular Falsework [J]. Journal of Constructional Steel Research，1998. 48(3)：189-209.

[35] H. Ayoub，S. Karshenas. Survey Results for Concrete Construction Live Loads on Newly Poured Slabs [J]. Journal of Structural Engineering, ASCE，1994，120 (5)：1543-1562.

[36] S. Karshenas，H. Ayoub. Construction Live Loads on Slab Formworks Before Concrete Placement [J]. Structural safety，1994，Vol. 14(3)：155-172.

[37] 赵挺生，蔡明桥，李树逊，等. 混凝土建筑结构施工设计 [M]. 北京：中国建筑工业出版社，2004.

[38] 苗吉军，顾祥林，方晓明. 高层混凝土结构施工荷载数学模型的研究 [J]. 建筑结构，2002，32(3)：7-9.

[39] 张传敏，方东平，耿川东，等. 钢筋混凝土结构施工活荷载现场调查与统计分析 [J]. 工程力学，2005，19(5)：62-66.

[40] 赵挺生，李树逊，顾祥林. 混凝土房屋建筑施工活荷载的实测统计 [J]. 施工技术，2005，34(7)：63-65.

[41] 杨俊杰，章雪峰，徐卫敏. 混凝土浇筑路径与模板支撑体系内力响应. 施工技术，2006，35(7)：47-49.

[42] J. L. Peng，A. D. Pan，D. V. Rosowsky，etal. Analysis of Concrete Placement Load effects Using Influce Surfaces [J]. ACI Structural Journal，1996，93(2)：180-185.

[43] 杨俊杰，顾仲文，章雪峰，等. 扣件式钢管模板高支撑体系实测分析 [J]. 施工技术，2006，35(2)：8-10.

[44] 舒文超，李华明. 钢管扣件高大模板支撑系统设计及实测分析 [J]. 施工技术，2006，35(7)：50-52.

[45] 完海鹰，洪庆尔，李庆锋. 大面积高层钢管脚手架支撑结构破坏模式的分析与工程实践 [J]. 合肥工业大学学报，2008，31(4)：631-634.

[46] 陈宜通. 混凝土机械 [M]. 北京：中国建材工业出版社，2002.

# 第 3 篇

## 高大模板支撑体系中人为过失及其对策

# 第9章　人为过失的研究现状和调查统计

所谓"人为过失"指的是所有达不到有关规范、标准和规程要求的行为与结果。初步调查表明，不管是在模板支架的搭设阶段还是在混凝土浇筑期，人为过失普遍存在，人为过失的研究是模板支架安全性研究不可回避的问题。

人为过失降低了模板支架的安全性，使得模板支架事故发生的概率大大增加。单单一个独立的人为过失也许并不能引起灾难性后果，但是当多个人为过失的结果累积在一起时，就很可能会酿成大错，其后果将是灾难性。高大模板支架垮塌事故一般都是多个人为过失共同作用的结果。例如，北京"西西工程"事故是由立杆上部超出水平杆的长度过大、未设竖向剪刀撑、未设水平抱柱件、立杆采用搭接连接、扣件螺栓拧紧力矩不足、立杆钢管壁厚不足等多个人为过失造成的；南京电视台大演播厅屋盖模板支架垮塌事故是由立杆步距过大、无扫地杆、未设剪刀撑、梁下增设的立杆间缺少与之垂直连接的水平杆，以及混凝土泵管对支架的撞击等多个人为过失造成的；美国纽约大剧院的模板支撑系统垮塌事故是由水平支撑不足和泵送混凝土时产生的撞击造成的。本书附录为作者收集整理的 77 起模板支架事故案例，从中可以看出绝大部分事故由人为过失所致。

## 9.1　研究现状

在人为过失的调查研究方面：赵挺生、袁雪霞和作者对一些模板支架的搭设偏差、钢管壁厚、初始弯曲率和扣件螺栓拧紧力矩进行了测量，对样本数据进行了统计分析；袁雪霞对 10 个施工工地的模板支架搭设质量进行问卷调查，统计了设置扫地杆、设置剪刀撑、立杆垂直度和立杆接长方式等 4 个方面的人为过失发生率，结果表明人为过失的发生概率均大于 0.2，是混凝土梁和多高层混凝土楼板施工中人为过失发生率的 5 倍。

在人为过失对极限承载力的影响方面：试验和理论分析均有涉及。胡长明的试验结果和作者等的计算分析结果均表明，竖向荷载作用下无竖向剪刀撑的模板支架其极限承载力至少降低 50％；刘家彬和郭正兴的计算结果表明，没有设置扫地杆将使极限承载力降低 11.1％；卓新等的分析表明，没有设置扫地杆将使极限承载力降低得更多；袁雪霞和金伟良的计算结果表明，当扣件螺栓的拧紧力矩为规范规定最小值的一半时，极限承载力降低 15.7％；聂鑫等进行了搭设参数对极限承载力的敏感性分析。

在人为过失对结构可靠性影响及安全对策方面：浙江大学做了较多的工作。袁雪霞考虑了出现不设置扫地杆和不设置剪刀撑两个人为过失时，不同扣件螺栓的拧紧力矩下多高层混凝土楼板体系的可靠性；金伟良等在采用层次分析法设计了一套模板支架的现场施工安全评价系统后，又引入模糊数学的理论，提出了一种多指标多层次的灰关联综合评估方法，帮助管理人员及时了解和掌握现场安全情况，从而提高施工企业对事故发生的控制能力。

从以上分析可以看出，当前还是缺乏专门针对高大模板支架中人为过失的较为系统全面的研究。

## 9.2 人为过失的种类

主要的人为过失分为四大类，19种，具体如下。

### 9.2.1 严重的结构性过失（第一类）

（1）E1=没有设置竖向剪刀撑；
（2）E2=没有设置水平剪刀撑；
（3）E3=没有对垂直混凝土泵管进行固定；
（4）E4=支模架与已成型的建筑结构之间没有连接；
（5）E5=立杆基础不牢；
（6）E6=扣件式支架立杆接长时采用搭接连接；
（7）E7=混凝土大梁的模板下增设了立杆，但不设与之垂直连接的水平杆；
（8）E8=立杆超出顶层水平杆的长度过大（大于0.5m）。

### 9.2.2 较为严重的结构性过失（第二类）

（1）E9=没有设置足够的竖向剪刀撑；
（2）E10=没有设置足够的水平剪刀撑；
（3）E11=没有对垂直混凝土泵管进行有效的固定；
（4）E12=没有设置足够的扫地杆；
（5）E13=扣件式支架的扣件螺栓拧紧力矩不足；
（6）E14=碗扣式支架节点的上碗扣没有扣好。

### 9.2.3 几何参数方面的过失（第三类）

（1）E15=立杆步距过大（大于1.5m）；
（2）E16=钢管壁厚不足；
（3）E17=立杆的初弯曲超出规范要求；
（4）E18=立杆的搭设偏差超出规范要求。

### 9.2.4 施工操作方面的过失（第四类）

E19=不当的浇筑顺序和振捣方式。

注：《混凝土泵送施工技术规程》（JGJ/T 10—2011）对泵管有如下规定：

5.2.7 混凝土输送管的固定，不得直接支承在钢筋、模板及预埋件上，并应符合下列规定：

1. 水平管的固定支撑具有一定离地高度；

2. 每条垂直管应有两个或两个以上固定点；

3. 不得将输送管固定在脚手架上，如现场条件受限可另搭设专用支撑架；

4. 垂直管下端的弯管不应作为支撑点使用，宜设钢支撑承受垂直管重量。

E3 和 E11 为不符合以上规定的人为过失。

## 9.3 人为过失的调查统计

在北京及其他省市选取施工中以高大模板支架为主的 30 个工程，对其在搭设过程和混凝土浇筑期出现的主要人为过失进行现场调查。

### 9.3.1 钢管壁厚、立杆初弯曲、搭设偏差和扣件螺栓拧紧力矩的统计分析

1. 钢管壁厚的实测数据及统计分析

选择了 17 个工地的 1277 根钢管进行了实测，测量工具为游标卡尺，见图 9-1。样本数据的直方图，见图 9-2，经统计分析得均值为 3.05mm，标准差为 0.23mm，初步定为服从正态分布。经检验，在 5% 的显著水平上，正态分布是壁厚统计的一个适当的模型。

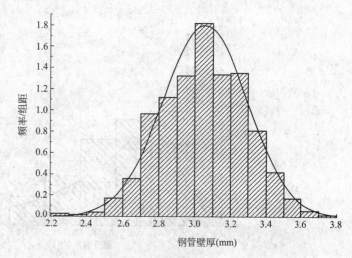

图 9-1　现场测量照片　　　　图 9-2　钢管壁厚的统计直方图

2. 钢管初始弯曲率的实测数据及统计分析

对 6 个工地的 55 根钢管的初始弯曲挠度和钢管长度进行了测量，测量工具为卷尺和钢板尺，初始弯曲率＝初始弯曲挠度/钢管长度，样本数据的直方图，见图 9-3，经统计分析得均值为 2.06‰，标准差为 0.95‰，初步定为服从正态分布。经检验，在 5% 的显著水平上，正态分布是初始弯曲率的一个适当的模型。

3. 支架搭设偏差率的实测数据及统计分析

在 4 个工地对搭设偏差进行了测量，测量工具为卷尺和钢板尺，共获得 87 个样本，搭设偏差率＝搭设偏差/搭设高度，数据的直方图，见图 9-4。经统计分析得均值为 0.51%，标准差为 0.39%，初步判定服从指数分布。经检验，在 5% 的显著水平上，指数

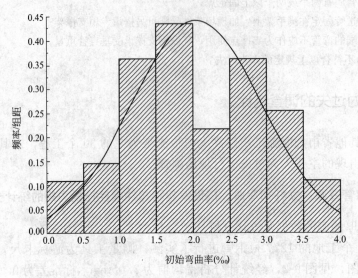

图 9-3　初始弯曲率的统计直方图

分布是搭设偏差率的一个适当的模型。

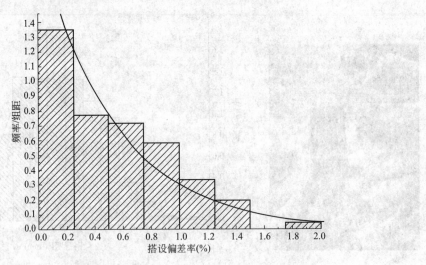

图 9-4　搭设偏差率的统计直方图

**4. 扣件螺栓拧紧扭力矩的实测数据及统计分析**

对 12 个工地模板支架的拧紧扭力矩进行了测量，测量工具为扭矩扳手(图 9-5)，获得 1147 个样本，测量数据的直方图见图 9-6，经统计分析得均值为 21.7N·m，标准差为 10.4N·m，初步定为服从截尾正态分布。经检验，在 5% 的显著水平上，截尾正态分布是拧紧扭力矩统计的一个适当的模型。

图 9-5　现场测量照片

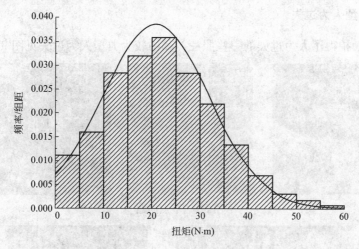

图 9-6　拧紧扭力矩的统计直方图

总之，钢管壁厚的均值为 3.05mm，标准差为 0.23mm，其中最小值为 2.28mm；初始弯曲率的均值为 2.06‰，标准差为 0.95‰，其中最大值为 3.80‰；搭设偏差率的均值为 0.51%，标准差为 0.39%，其中最大值为 1.86%；扣件螺栓拧紧扭力矩的均值为 21.7N·m，标准差为 10.4N·m，其中最小值为 0。这些数据与规范要求有较大差距。

### 9.3.2　次龙骨宽度的实测数据及统计分析

在对模板支架搭设参数的调研过程中，发现支撑体系中主龙骨和次龙骨的截面尺寸普遍不足，在 3 个工地用游标卡尺对施工现场的 1014 根次龙骨截面宽度进行了测量，对这些数据进行统计分析，得次龙骨宽度的均值为 36.76mm，标准差为 2.14 mm，次龙骨宽度的标准值为 50mm，在 1 千多个样本中没有一个样本值达到 50mm，这一现状令人担忧。根据数据画出直方图（图 9-7），经检验，在显著水平为 5% 时，服从正态分布。图 9-8 为现场测量次龙骨宽度时的照片。

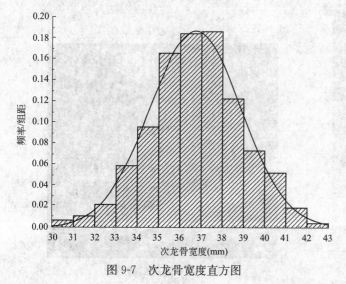

图 9-7　次龙骨宽度直方图

图 9-8　现场测量图

### 9.3.3 典型人为过失

在调研时，拍得了人为过失的一些照片，其中较为典型人为过失见图 9-9～图 9-16。

图 9-9 节点问题

图 9-10 立杆基础问题

图 9-11 无水平剪刀撑

图 9-12 无任何剪刀撑

图 9-13 扫地杆缺失

图 9-14 混凝土大梁的模板下增设立杆，但不设与之垂直连接的水平杆

图 9-15 垂直混凝土泵底部无约束

图 9-16 浇筑问题（堆载过大）

### 9.3.4 人为过失发生率

对以上 19 种人为过失进行统计，结果见表 9-1～表 9-4。

发生严重的结构性过失的调查结果　　　　　　　表 9-1

| 序号 | 人为过失类别 | 人为过失发生率(%) |
|---|---|---|
| E1 | 没有设置竖向剪刀撑 | 20 |
| E2 | 没有设置水平剪刀撑 | 83 |
| E3 | 没有对垂直混凝土泵管进行固定 | 9 |
| E4 | 支模架与已成型的建筑结构之间没有连接 | 66 |
| E5 | 立杆基础不牢 | 66 |
| E6 | 扣件式支架立杆接长时采用搭接连接 | 7 |
| E7 | 混凝土大梁的模板下增设了立杆，但不设与之垂直连接的水平杆 | 7 |
| E8 | 立杆超出顶层水平杆的长度过大(>0.5m) | 66 |

发生较为严重的结构性过失的调查结果    表 9-2

| 序号 | 人为过失类别 | 人为过失发生率(%) |
|------|------------|----------------|
| E9 | 没有设置足够的竖向剪刀撑 | 47 |
| E10 | 没有设置足够的水平剪刀撑 | 19 |
| E11 | 没有对垂直混凝土泵管进行有效的固定 | 72 |
| E12 | 没有设置足够的扫地杆 | 21 |
| E13 | 扣件式支架的扣件螺栓拧紧力矩不足 | 81 |
| E14 | 碗扣式支架节点的上碗扣没有扣好 | 71 |

几何参数方面的过失的调查结果    表 9-3

| 序号 | 人为过失类别 | 人为过失调查结果统计(%) |
|------|------------|---------------------|
| E15 | 立杆步距过大(>1.5m) | 0 |
| E16 | 钢管壁厚不足 $\begin{cases} <3.5\text{mm} \\ <3.0\text{mm} \end{cases}$ | 97<br>66 |
| E17 | 立杆的初弯曲超出规范要求 $\begin{cases} >1‰ \\ >3‰ \end{cases}$ | 87<br>18 |
| E18 | 立杆的搭设偏差超出规范要求(>5‰) | 47 |

施工操作过失的调查结果    表 9-4

| 序号 | 人为过失类别 | 人为过失调查结果统计(%) |
|------|------------|---------------------|
| E19 | 不当的浇筑顺序和振捣方式 | 7 |

分析以上数据可以看出,"钢管壁厚不足"(E16)、"立杆的初弯曲超出规范要求"(E17)、"没有设置水平剪刀撑"(E2)和"扣件式支架的扣件螺栓拧紧力矩不足"(E13)的发生概率最大,超过80%;"没有对垂直混凝土泵管进行有效的固定"(E11)、"碗扣式支架节点的上碗扣没有扣好"(E14)、"支模架与已成型的建筑结构之间没有连接"(E4)、"立杆超出顶层水平杆的长度过大(>0.5m)"(E8)和"立杆基础不牢"(E5)的发生概率其次,在60%~80%;"立杆的搭设偏差超出规范要求(>5‰)"(E18)和"没有设置足够的竖向剪刀撑"(E9)发生的概率均为47%;"混凝土大梁的模板下增设了立杆,但不设与之垂直连接的水平杆"(E7)、"扣件式支架立杆接长时采用搭接连接"(E6)和"不正当的浇筑顺序和振捣方式"(E19)发生的概率较小,均为7%;在调查中,没有发现立杆步距大于1.5m的现象。

# 第 10 章　人为过失对支架安全性的影响

在第 9 章所列的人为过失中，一些过失降低了模板支架的承载力，一些过失使得模板支架承受了额外的附加力，一些过失改变了模板支架的破坏形式。因此，有必要详细分析人为过失对支架安全性的影响。

## 10.1　第二类和第三类人为过失的细分

对可以量化的第二类和第三类人为过失，在量值上进行了细分。根据 9.3 小节的统计数据和施工现场的调研结果，"立杆步距过大"(E15)将不再考虑，将其余过失在量值上细分如下：

(1) E9(没有设置足够的竖向剪刀撑)：

① E9-1：竖向剪刀撑没有连续布置；

② E9-2：竖向剪刀撑连续布置，但间隔大于 7m。

(2) E10(没有设置足够的水平剪刀撑)：

① E10-1：没有设置顶层水平剪刀撑，且没有连续布置；

② E10-2：水平剪刀没有连续布置。

(3) E11(没有对垂直混凝土泵管进行有效的固定)：

① E11-1：仅在底部对垂直混凝土泵管进行固定；

② E11-2：在底部对垂直混凝土泵管进行固定，且在中部设置一个点对垂直混凝土泵管进行固定。

(4) E12(没有设置足够的扫地杆)：

① E12-1：扫地杆缺失 5%；

② E12-2：偶尔缺失一根扫地杆。

(5) E13(扣件式支架的扣件螺栓拧紧力矩不足)：

① E13-1：扣件螺栓拧紧力矩在 20N・m 以下；

② E13-2：扣件螺栓拧紧力矩在 20~30N・m；

③ E13-3：扣件螺栓拧紧力矩在 30~40N・m。

(6) E14(碗扣式支架节点的上碗扣没有扣好)：

① E14-1：偶尔一个上碗扣没有扣好；

② E14-2：上碗扣没有扣好的程度在 5%左右。

(7) E16(钢管壁厚不足)：

① E16-1：钢管壁厚 2.5mm；

② E16-2：钢管壁厚 3.0mm；

③ E16-3：钢管壁厚 3.2mm。

(8) E17（立杆的初弯曲超出规范要求）：

① E17-1：立杆的初弯曲率 2‰；

② E17-2：立杆的初弯曲率 3‰。

(9) E18（立杆搭设偏差超出规范要求）：

① E18-1：立杆的搭设偏差 0.5%；

② E18-2：立杆的搭设偏差 1.0%；

③ E18-3：立杆的搭设偏差 2.0%。

## 10.2 人为过失对支架安全性影响的计算方法

对于使承载力降低的人为过失，用承载力影响因子来度量；对于使模板支架承受了额外附加荷载的人为过失，直接给出附加荷载的大小或后果；对于改变模板支架破坏形式的人为过失，给出不利破坏形式对承载力的影响。

### 10.2.1 承载力影响因子的定义

承载力影响因子用以度量人为过失对支架承载力的影响程度，其定义为：

$$d = \frac{F_r}{F} \tag{10-1}$$

式中　$d$——承载力影响因子；

　　　$F_r$——有人为过失支架的承载力；

　　　$F$——无人为过失支架的承载力。

### 10.2.2 具有第一、二类人为过失支架的承载力计算方法

1. 扫地杆缺失支架的承载力

采用 8 步 16 跨计算模型，立杆间距为 1.2m，步距 1.2m，$a$ 为 0.2m，水平剪刀撑每 4 步设置一道，竖向剪刀撑每 6 跨设置一道，双向设置，初弯曲率取 1‰，建立的有限元模型如图 10-1。用此模型计算无人为过失结构的极限承载力 $F$。缺 5% 扫地杆的示意图见图 10-2，剪刀撑的布置见图 10-3 和图 10-4。

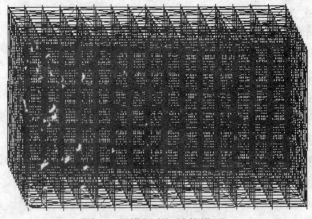

图 10-1　模板支架计算模型 1

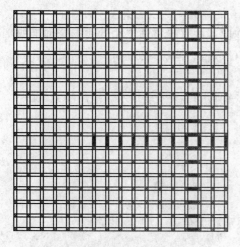

图 10-2　缺 5％扫地杆

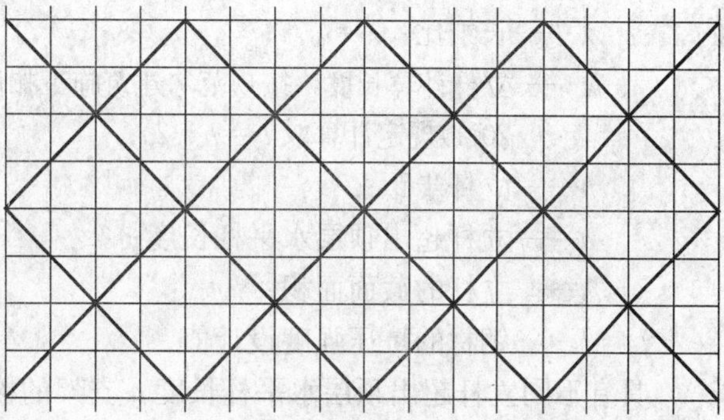

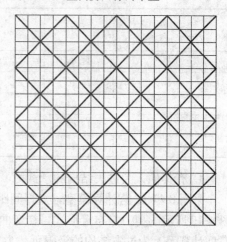

图 10-3　竖向剪刀撑的布置

**2. 混凝土大梁的模板下增设了立杆但不设与之垂直连接水平杆的支架承载力**

考虑 12m×9m 柱网内的模板支架，柱网内设 3m×3m 的井字梁，梁底模板支架沿梁长方向间距 600m、600m 与 900m、900m 交替设立杆，立杆步距 1.2m；剪刀撑与地面夹角为 45°～60°，沿 12m 梁方向设一道竖向剪刀撑，沿 9m 梁方向设两道竖向剪刀撑。初弯曲率取 1‰，建立的有限元模型如图 10-5 所示，竖向剪刀撑布置见图 10-6。用此模型计算无人为过失结构的极限承载力 $F$。去掉与梁下中间立杆相连的水平杆，计算有人为过失结构的极限承载力 $F_r$。

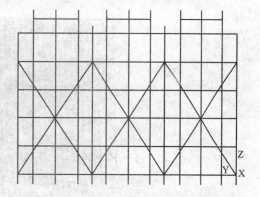

图 10-4　水平剪刀撑的布置

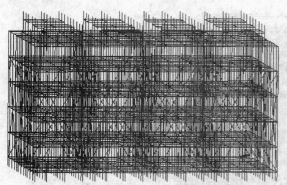

图 10-5　模板支架的计算模型 2

图 10-6　计算模型 2 的竖向剪刀撑布置

**3. 立杆超出顶层水平杆长度过大的影响因子**

根据《建筑施工扣件式钢管脚手架安全技术规范》(JGJ 130—2001)，模板支架立杆极限承载力按下式计算：

$$N_u = \varphi A f \tag{10-2}$$

式中　$N_u$——模板支架立杆极限承载力；

　　　$\varphi$——轴心受压构件的稳定系数，应根据长细比 $\lambda$ 按《建筑施工扣件式钢管脚手架安全技术规范》(JGJ 130—2001)附录 C 取值，当 $\lambda > 250$ 时，$\varphi = 7320/\lambda^2$；

　　　$\lambda$——长细比，$\lambda = l_0/i$；

　　　$l_0$——立杆计算长度，按规范《建筑施工扣件式钢管脚手架安全技术规范》(JGJ 130—2001)规定计算取 $l_0 = h + 2a$；

　　　$h$——立杆步距；

　　　$a$——立杆超出顶层水平杆长度；

　　　$A$——立杆的截面面积；

　　　$f$——钢材的抗压强度设计值。

具有不同立杆超出顶层水平杆长度 $a$ 支架的极限承载力见表 10-1。

支架极限承载力 (kN)　　　　　　　　　　　　表 10-1

| $a$(m) ＼ $h$(m) | 1.0 | 1.1 | 1.2 | 1.3 | 1.4 | 1.5 |
|---|---|---|---|---|---|---|
| 0.5 | 41.60 | 38.28 | 35.29 | 32.65 | 30.19 | 28.03 |
| 0.8 | 26.10 | 24.30 | 22.71 | 21.28 | 19.94 | 18.74 |
| 1.0 | 19.94 | 18.74 | 17.61 | 16.59 | 15.69 | 14.83 |
| 1.2 | 15.69 | 14.83 | 14.07 | 13.35 | 12.66 | 12.03 |
| 1.5 | 11.43 | 10.88 | 10.37 | 9.89 | 9.45 | 9.03 |

4. 有其他人为过失结构的承载力

采用 8 步 12 跨计算模型，立杆间距为 1.2m，步距 1.2m，$a$ 为 0.2m，采用图 4-18 和图 4-19 所示的剪刀撑布置形式，初弯曲率取 1‰，建立的有限元模型如图 10-7 所示。用此模型计算无人为过失结构的极限承载力 $F$。

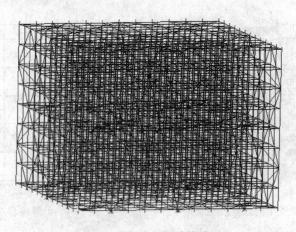

图 10-7　模板支架的计算模型 3

当发生人为过失时，按照过失类型，变动此计算模型，计算有人为过失结构的极限承载力 $F_r$。

### 10.2.3 第三类人为过失影响的分析方法

**1. 较大初弯曲率对极限承载力的影响因子**

将由理想轴心受压杆件弹性屈曲分析后得到的一阶模态视为初弯曲的挠曲线形状，挠度为 $e$，如图 10-8 所示。

采用通用有限元软件 ANSYS 来进行，用梁单元 Beam188（铁木辛科梁）来模拟钢管，用弧长法求解考虑几何非线性及材料非线性的力学方程，极限承载力为钢管可以承受的最大荷载。

经非线性计算，得具有不同初弯曲率的受压杆件的极限承载力 $F$，见表 10-2，以 1‰初弯曲率为规范规定值，2‰和 3‰初弯曲率对极限承载力的影响因子 $d_1$ 见表 10-3。

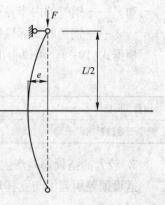

图 10-8 计算模型示意图

**具有不同初弯曲率杆件的极限承载力 $F$(kN)** 表 10-2

| 管长(m) | 长细比 | 初弯曲率 | | |
|---|---|---|---|---|
| | | 1‰ | 2‰ | 3‰ |
| 1.00 | 63.7 | 97.1 | 93.8 | 90.8 |
| 1.10 | 70.1 | 95.6 | 91.2 | 87.4 |
| 1.20 | 76.4 | 93.5 | 87.5 | 83.7 |
| 1.30 | 82.8 | 89.7 | 84.0 | 79.1 |
| 1.40 | 89.2 | 86.6 | 79.4 | 74.1 |
| 1.50 | 95.5 | 81.6 | 74.1 | 68.9 |
| 1.60 | 101.9 | 76.1 | 68.7 | 63.6 |
| 1.70 | 108.2 | 70.1 | 63.4 | 58.6 |
| 1.80 | 114.6 | 64.4 | 58.3 | 53.9 |

**较大初弯曲率的杆件承载力影响因子** 表 10-3

| 管长(m) | 长细比 | 影响因子 $d_1$ | | 管长(m) | 长细比 | 影响因子 $d_1$ | |
|---|---|---|---|---|---|---|---|
| | | 2‰ | 3‰ | | | 2‰ | 3‰ |
| 1.00 | 63.7 | 0.966 | 0.935 | 1.50 | 95.5 | 0.908 | 0.844 |
| 1.10 | 70.1 | 0.954 | 0.914 | 1.60 | 101.9 | 0.903 | 0.836 |
| 1.20 | 76.4 | 0.936 | 0.882 | 1.70 | 108.2 | 0.903 | 0.835 |
| 1.30 | 82.8 | 0.936 | 0.856 | 1.80 | 114.6 | 0.905 | 0.837 |
| 1.40 | 89.2 | 0.917 | 0.856 | | | | |

**2. 壁厚不足对杆件极限承载力的影响因子**

对于给定初弯曲率的立杆，长细比和截面积是影响极限承载力的主要因素。壁厚的变化对长细比的影响不大，可以忽略不计，截面面积减少对极限承载力的影响因子 $d_2$ 可以按下式计算：

$$d_2 = \frac{A_s}{A} = \frac{\pi(r_1 + r_2)\delta_r}{A} \tag{10-3}$$

式中 $A_s$——壁厚不足钢管的截面面积；

$r_1$ 和 $r_2$——钢管的内半径和外半径；

$\delta_r$——钢管的实际壁厚。

根据式(10-3)，可以得出不同钢管壁厚的 $d_2$，见表 10-4。

钢管壁厚的影响因子 $d_2$         表 10-4

| 钢管实际壁厚 $\delta_r$(mm) | 3.4 | 3.3 | 3.2 | 3.1 | 3.0 | 2.9 | 2.8 | 2.7 | 2.6 | 2.5 |
|---|---|---|---|---|---|---|---|---|---|---|
| 壁厚不足的影响因子 $d_2$ | 0.971 | 0.943 | 0.914 | 0.886 | 0.857 | 0.829 | 0.800 | 0.771 | 0.753 | 0.714 |

3. 较大的搭设偏差产生的附加水平力

搭设偏差引起了与立杆垂直的水平分力，大小 $Q_h$ 可以按下式计算：

$$Q_h = C_L Q_v \tag{10-4}$$

式中 $C_L$——搭设偏差率；

$Q_v$——竖向荷载。

## 10.3 人为过失对支架安全性的影响程度

根据计算和分析，给出人为过失的影响，见表 10-5。

人为过失的影响         表 10-5

| 编号 | 人为过失类型 | 影响 | 备注 |
|---|---|---|---|
| E1 | 没有设置竖向剪刀撑 | 影响因子<0.50 | 根据课题组的计算和试验结果 |
| E2 | 没有设置水平剪刀撑 | 影响因子≅0.76 | 根据课题组的计算结果 |
| E3 | 没有对垂直混凝土泵管进行固定 | 对支架产生了不可不计的水平冲击力 | 根据课题组的试验测试和分析结果 |
| E4 | 支架与已成型的建筑结构之间没有连接 | 在竖向荷载作用下影响因子≅0.95；当有水平荷载时，则缺少了顶部有效的支撑，影响稳定 | 根据课题组的计算结果 |
| E5 | 立杆底部没有着地 | 使得此立杆不承受荷载，从而增加相邻立杆所受荷载约50% | 根据课题组的测试结果 |
| E6 | 扣件式支架立杆接长时采用搭接连接 | 使得原本由支架稳定性控制的失效模式变为由扣件抗滑控制的失效模式，而扣件的抗滑承载力设计值只有8kN，通常情况下远远小于支架稳定承载力设计值 | 根据相关规范 |
| E7 | 混凝土大梁的模板下增设了立杆，但不设与之垂直连接的水平杆 | 影响因子：0.25~0.30 | 根据课题组的计算结果 |
| E8 | 立杆超出顶层水平杆的长度 $a$ 过大(大于0.5m) | 当 $a$ 为0.5~0.8m时，影响因子：0.63~1.0 | 根据相关规范，以 $a$ 为0.5m时的承载力为比较基准 |
| | | 当 $a$ 为0.8~1.0m时，影响因子：0.48~0.63 | |
| | | 当 $a$ 为1.0~1.2m时，影响因子：0.38~0.48 | |

| 编号 | | 人为过失类型 | 影响 | 备注 |
|---|---|---|---|---|
| E9 | E9-1 | 竖向剪刀撑没有连续布置 | 影响因子＜0.9 | 根据课题组的计算结果 |
| | E9-2 | 竖向剪刀撑连续布置，但间隔大于7m | 间隔每增大2.4m，承载力降低20%～30%，影响因子降低20%～30% | |
| E10 | E10-1 | 没有设置顶层水平剪刀撑，且没有连续布置 | 如果支架顶部受到水平力，则无法有效传递 | |
| | E10-2 | 水平剪刀撑没有连续布置 | 使得水平力的传递途径中断 | |
| E11 | E11-1 | 仅在底部对垂直混凝土泵管进行固定 | 无法阻止泵管对支架的较大冲击作用 | |
| | E11-2 | 在底部对垂直混凝土泵管进行固定，且在中部设置一个点对垂直混凝土泵管进行固定 | 无法消除泵管对支架的冲击作用 | |
| E12 | E12-1 | 扫地杆缺失5% | 在水平荷载作用下，如果没有设置剪刀撑，扫地杆的缺失将会影响水平力的传递，缺失的数量越多则水平力的传递越困难 | |
| | E12-2 | 偶尔缺失一根扫地杆 | 在水平荷载作用下，如果没有设置剪刀撑，扫地杆的缺失将会影响水平力的传递 | |
| E13 | E13-1 | 扣件螺栓拧紧力矩在20N·m以下 | 影响因子：0～0.91，结构的整体性无法保证 | 根据课题组的计算结果 |
| | E13-2 | 扣件螺栓拧紧力矩在20～30N·m | 影响因子：0.91～0.96 | |
| | E13-3 | 扣件螺栓拧紧力矩在30～40N·m | 影响因子：0.96～1 | |
| E14 | E14-1 | 偶尔一个上碗扣没有扣好 | 与该上碗扣的位置有关，如果在顶层，使得立杆超出顶层水平杆的长度由原来的$a$变为$a+h$，如果在下部，则使得立杆步距增加一倍，造成该上碗扣所在立杆过早失稳 | |
| | E14-2 | 上碗扣没有扣好的程度在5%左右 | 立杆过早失稳的几率大大增加 | |
| E15 | | 立杆步距过大（大于1.5m） | 立杆步距是影响稳定极限承载力的主要因素，过大的步距将使承载力明显降低 | |
| E16 | E16-1 | 钢管壁厚2.5mm | 影响因子≃0.71 | 根据课题组的计算结果 |
| | E16-2 | 钢管壁厚3.0mm | 影响因子≃0.86 | |
| | E16-3 | 钢管壁厚3.2mm | 影响因子：0.91 | |
| E17 | E17-1 | 立杆的初弯曲率2‰ | 影响因子：0.1～0.97 | 根据课题组的计算结果 |
| | E17-2 | 立杆的初弯曲率3‰ | 影响因子：0.94～0.84 | |
| E18 | E18-1 | 立杆的搭设偏差0.5% | 使得支架承受0.5%的水平附加荷载 | |
| | E18-2 | 立杆的搭设偏差1.0% | 使得支架承受1%的水平附加荷载 | |
| | E18-3 | 立杆的搭设偏差2.0% | 使得支架承受2%的水平附加荷载 | |
| E19 | | 不正当的浇筑和振捣方式 | 使得支撑体系受到较大的不均匀荷载作用，可能会使个别龙骨翘起，或产生附加荷载 | |

## 10.4 考虑人为过失的结构可靠性分析

通过计算分析发现出现几率较大且对承载力影响较大的人为过失是"钢管壁厚 $t$ 不足"、"扣件螺栓拧紧扭力矩 $T$ 不足"和"立杆超出顶层水平杆的长度 $a$ 过大"等 3 个连续变化的人为过失和"未设置竖向剪刀撑"这个非连续变化的人为过失。采用响应面法建立高大模板支架的承载力概率模型，参考相关统计资料获得施工荷载的概率模型，最后通过蒙特卡罗法进行高大模板支架的可靠性分析。

考虑材料非线性和几何大变形的影响，水平杆和立杆之间连接节点为半刚性，采用弹簧单元模拟节点的半刚性连接。根据文献［9］的分析结果，节点抗扭刚度 $K_R$ 可用按 $K_R=1.19T-2.99$ 计算。

将 $t$、$K_R$ 和 $a$ 这三个连续变化的因素视为试验因子，同时考虑竖向剪刀撑设置与否两种搭设状态。试验点采用 Faravelli[11] 提出的二水平因子设计和中心复合设计法确定，即取上水平（均值 $\mu_i$＋标准差 $\sigma_i$）和下水平（均值 $\mu_i$－标准差 $\sigma_i$）进行正交试验，共 8 次，另外再增加 6 个星形顶点（$(\mu_1\pm2\sigma_1, \mu_2, \cdots, \mu_3)$、$(\mu_1, \mu_2\pm2\sigma_2, \cdots, \mu_3)$、$(\mu_1, \mu_2, \mu_3\pm2\sigma_3)$）和均值点，每种搭设状态总共需要进行 15 次试验。拟合的承载力表达式为：

$$R=a_0+a_1t+a_2a+a_3K_R+b_1t^2+b_2a^2+b_3K_R^2 \tag{10-5}$$

式中　　　　　　　　$R$——高大模板支架的极限承载力（kN）；

$a_0$，$a_1$，$a_2$，$a_3$，$b_1$，$b_2$，$b_3$——待定系数。

采用最小二乘法确定待定系数。

考虑两种人为过失同时出现的情况，即无剪刀撑和一个连续变化的人为过失。分析时该连续变化的人为过失样本值分别为均值、均值加减 1 倍、2 倍及 3 倍标准差，其他两个变量取均值。

对于设置剪刀撑和不设置剪刀撑两种搭设状态，极限状态方程分别设为：

$$Z_1=R_1-S_G-S_Q=0 \tag{10-6}$$

$$Z_2=R_2-S_G-S_Q=0 \tag{10-7}$$

式中　$R_1$——支架设置剪刀撑的极限承载力；

$R_2$——支架不设置剪刀撑的极限承载力；

$S_G$——永久荷载效应；

$S_Q$——可变荷载效应。

选取了较为典型的高大模板支架进行计算分析，其搭设参数为：纵向和横向各 8 跨，高度方向 8 步，立杆纵距 $l_a=1.20\text{m}$，立杆横距 $l_b=1.20\text{m}$，立杆步距 $h=1.20\text{m}$，扫地杆距地面高度 $a'=0.20\text{m}$，钢管外径 $d=48\text{mm}$，壁厚标准值 $t_K=3.5\text{mm}$，立杆超出顶层水平杆长度标准值 $a_K=0.40\text{m}$，楼板计算厚度为 $t'=180\text{mm}$。主要随机变量的统计特征见表 10-6，其中施工荷载的统计参数源于文献［12］和［13］。

主要随机变量的统计特征　　　　　　　　　　　　　　　　表 10-6

| 搭设参数 | 均值 $\mu$ | 平均值系数 | 变异系数 $\delta$ | 概率分布 |
|---|---|---|---|---|
| 钢管壁厚 $t$ | 2.93mm | 0.837 | 0.088 | 正态分布 |
| 立杆超出顶层水平杆长度 $a$ | 0.55m | 1.100 | 0.261 | 对数正态分布 |

| 搭设参数 | 均值 $\mu$ | 平均值系数 | 变异系数 $\delta$ | 概率分布 |
|---|---|---|---|---|
| 拧紧扭力矩 $T$ | 25.27N·m | 0.632 | 0.333 | 截尾正态分布 |
| 永久荷载 $G$ | — | 1.06 | 0.07 | 正态分布 |
| 可变荷载 $Q$ | 2.5kN | 1.10 | 0.50 | 极值Ⅰ型分布 |

当支架不设置剪刀撑时，采用响应面法可以得到支架极限承载力 $R_2$ 与 $t$、$a$、$K_R$ 的关系为：

$$R_2 = -2.649 + 3.216t + 0.759a + 0.730K_R - 0.231t^2 - 6.064a^2 - 0.00368K_R^2 \quad (10\text{-}8)$$

经过 1500 万次的模拟计算，可得到失效概率 $4.70 \times 10^{-2}$。

根据本书前面的分析，没有人为过失的模板支撑的安全富裕度较大，其安全系数可达 $3.2 \sim 6.0$，远远高于普通建筑结构的安全水平。但当以上 4 种人为过失同时出现时，可靠度大大降低，已不满足《建筑结构可靠度设计统一标准》（GB 50068—2001）规定临时性结构发生脆性破坏时最大失效概率为 $6.87 \times 10^{-4}$ 的要求。

# 第 11 章　高大模板支撑体系施工安全的管理方法

高大模板支撑体系为危险性较大工程。按照我国现行的管理体系，高大模板支撑体系的施工安全管理可细分为专项施工方案管理、施工安全管理和搭设质量管理等 3 个方面。本章在前面工作的基础上，根据住房和城乡建设部颁布的《建筑施工安全专项整治工作方案》、《危险性较大的分部分项工程安全管理办法》和《建设工程高大模板支撑系统施工安全监督管理导则》，提出管理方法。

## 11.1　专项施工方案管理

专项施工方案是搭设模板支架的依据，是确保支架安全的第一道关卡。要求依照相关法律、法规、规范性文件、标准、规范和图纸编制。

### 11.1.1　专项施工方案编制

1. 编制人员

由项目技术负责人组织具有中级技术职称及以上的施工技术人员编写。

2. 编制依据

应采用现行技术规范或规程作为编制依据，有些技术规范已经重新修订，应及时更新；已经废止的技术规范或规程不能作为编制的依据。

3. 内容

（1）工程概况：应紧扣方案编制需要，除简要介绍项目的建设单位、工程名称、建筑面积、建筑层高、建筑高度等基本情况外，应着重说明与方案编制有关的技术参数、施工工况、材料种类规格、混凝土结构周边结构状况和混凝土施工条件等，如支模标高、支模范围内的梁截面尺寸、跨度、板厚、支撑的地基情况。

（2）体系和方案选择：应明确支撑体系的传力途径和支架类型，根据经验，初步选取主要受力构件的搭设参数，经设计验算后，再做调整。

（3）构造要求：应根据规范要求编写，特别注意水平剪刀撑和竖向剪刀撑的设置，一般应绘制详图；应特别注意立杆顶部超出长度的取值；应尽可能使支撑体系与主体结构墙柱有所拉接。

（4）设计验算：包括支架参数信息，模板面板抗弯和变形验算，次龙骨和主龙骨抗弯、抗剪和变形验算，扣件抗滑移验算，纵横向水平杆的抗弯和变形验算，支架稳定性验算，立杆地基承载力计算等；计算时主要材料参数应根据实际情况取值；荷载及其组合应根据不同的计算对象和计算项目，按照现行技术规范的规定进行；每项计算均应根据支撑体系的实际构造绘制计算简图。

（5）施工图：包括支模区域立杆、纵横水平杆平面布置图，支撑系统立面图、剖面图，水平剪刀撑布置平面图及竖向剪刀撑布置图，梁板支模大样图，支撑体系监测平面布置图及连墙件布设位置及节点大样图，并准确标注尺寸。

（6）施工要求：应根据规范要求和工程实际进行编写，应特别注意大梁下立杆的加密、双向水平杆的设置和保证；应特别明确扣件螺栓拧紧扭力矩的控制、支撑体系的基础处理、材料的力学性能指标及检查、验收要求。

（7）混凝土浇筑施工方案：应根据规范对混凝土泵管采取固定措施，明确混凝土浇筑方式和浇筑路径以及振捣方式。

（8）施工计划：包括施工进度计划、材料与设备计划等。

（9）应急救援预案：应根据施工过程中可能出现的安全问题进行编制，与模板工程无关的内容不应列入。

（10）施工安全保证措施：包括模板支撑体系搭设及混凝土浇筑区域管理人员组织机构、模板安装和拆除的安全技术措施、施工应急救援预案，模板支撑系统在搭设、钢筋安装、混凝土浇捣过程中及混凝土终凝前后模板支撑体系位移的监测监控措施等。

（11）劳动力计划：包括专职安全生产管理人员、特种作业人员的配置等。

### 11.1.2　专项施工方案审批和专家论证

高大模板支撑体系专项施工方案编制完成后，应先由施工单位技术部门组织本单位施工技术、安全、质量等部门的专业技术人员进行审核，经施工单位技术负责人签字后，再按照相关规定组织专家论证，专家应当从当地建设主管部门公布的专家库中选取。

### 11.1.3　专项施工方案专家论证要点

专项施工方案应当按表 11-1 所列内容进行专家论证。

专项施工方案专家论证要点　　　　　　　　　表 11-1

| 序号 | 论证项目 | 论证内容 | 论证意见 | 备注 |
|---|---|---|---|---|
| 1 | 专项施工方案内容的完整性 | 编制依据 | | |
| | | 工程概况 | | |
| | | 体系选择 | | |
| | | 设计方案 | | |
| | | 施工工艺 | | |
| | | 质量检查控制措施 | | |
| | | 施工安全保证措施 | | |
| | | 劳动力计划 | | |
| | | 计算书及相关图纸 | | |
| | | 应急救援方案 | | |
| 2 | 主要材料参数取值的真实性 | 钢管直径和壁厚是否符合实际情况 | | |
| | | 方木及面板参数取值是否符合实际情况 | | |

| 序号 | 论证项目 | 论证内容 | 论证意见 | 备注 |
|---|---|---|---|---|
| 3 | 构造措施的完备性和正确性 | 竖向剪刀撑设置情况 | | |
| | | 水平剪刀撑设置情况 | | |
| | | 立杆伸出顶层水平杆长度是否大于规范规定的最大值 | | |
| | | 立杆步距是否大于规范规定的最大值 | | |
| | | 支撑体系与主体结构墙柱拉接情况 | | |
| 4 | 设计验算的正确性 | 模板的抗弯和变形验算 | | |
| | | 次龙骨和主龙骨的抗弯、抗剪和变形验算 | | |
| | | 连接扣件的抗滑验算 | | |
| | | 支架的稳定性验算 | | |
| | | 立杆地基的承载力验算 | | |
| 5 | 设计图纸的完整性 | 支模区域立杆、纵横水平杆平面布置图 | | |
| | | 支撑系统立面图和剖面图 | | |
| | | 水平剪刀撑布置平面图及竖向剪刀撑布置立面图 | | |
| | | 梁板支模大样图 | | |
| | | 支撑体系监测平面布置图 | | |
| | | 连墙件布置位置及节点大样图 | | |

### 11.1.4 专家论证意见处理措施

施工单位应当根据专家论证意见修改完善专项施工方案，并经施工单位技术负责人、项目总监理工程师、建设单位项目负责人签字后，方可组织实施。

## 11.2 施工安全管理

### 11.2.1 管理内容

为确保按专项施工方案搭设高质量的高大模板支撑体系，监理单位和施工单位应当加强施工安全管理，管理内容见表11-2。

施工安全管理主要内容 表11-2

| 序号 | 项目 | 主要内容 | 检查结论 | 备注 |
|---|---|---|---|---|
| 1 | 安全技术交底 | 必须有安全技术交底书 | | |
| | | 现场管理人员、操作班组和作业人员必须掌握安全交底书的内容 | | |
| | | 作业人员必须严格按规范、专项施工方案和安全技术交底书的要求进行操作 | | |

| 序号 | 项目 | 主要内容 | 检查结论 | 备注 |
|---|---|---|---|---|
| 2 | 作业人员的施工培训和技术资质 | 作业人员必须经过培训，并取得建筑施工脚手架特种作业操作资格证书后方可上岗 | | |
| 3 | 安全投入保证体系 | 作业面按有关规定设置安全防护设施 | | |
| | | 作业人员正确佩戴相应的劳动防护用品 | | |
| 4 | 检查验收 | 项目负责人必须组织验收 | | |
| | | 验收报告必须合格 | | |
| | | 验收合格后，必须经施工单位项目技术负责人及项目总监理工程师签字后才能施工 | | |
| 5 | 实际施工荷载 | 施工材料均匀放置，施工总荷载不得超过模板支撑系统设计荷载的要求 | | |
| 6 | 混凝土浇筑和振捣 | 必须按照正确的方式和顺序浇筑和振捣混凝土 | | |
| | | 混凝土浇筑期的监控：浇筑过程必须有专人对支架进行观测，发现险情后，立即停止浇筑并采取应急措施 | | |
| 7 | 模板支撑体系拆除 | 拆除前必须有混凝土试块报告，并在混凝土达到拆模强度后方才拆除，并履行拆模审批签字手续 | | |
| | | 拆除过程中，地面设置围栏和警戒标志，并派专人看守，同时严禁非操作人员进入作业范围 | | |

### 11.2.2 施工安全管理检查结论及处理措施

高大模板支撑体系的施工安全管理检查结论分为"合格"和"不合格"。对于"不合格"的，监理单位应当责令施工单位立即整改；存在重大安全隐患的，应当责令立即停工整改。

## 11.3 搭设质量管理

通过前几章的调研、问卷调查和计算分析，可以看出：

（1）我国当前模板支撑体系中的人为过失较为普遍；

（2）一些人为过失对结构安全的影响较大；

（3）发现人为过失后的改错效果不理想；

（4）一些施工技术人员在模板支架的设计过程中，给了支架远远大于规范要求的安全度，有时富裕的安全度抵消了人为过失的危害。

基于上述分析，提出了"搭设过程监督检查"和"搭设完毕后搭设质量检查验收"的双重监督检查方法。

### 11.3.1 搭设过程监督检查方法

监理单位及施工单位应当在以下阶段进行检查：

（1）材料准备阶段；

(2) 铺设基础阶段；

(3) 当支架搭设到水平剪刀撑的设置层时；

(4) 当支架的高宽比达到 1.5 时；

(5) 当支架到达搭设高度时；

(6) 荷载施加之前。

具体检查要点见表 11-3。支架的搭设人员应当根据检查人员的意见和建议及时整改。

搭设过程监督检查要点

表 11-3

| 序号 | 检查项目 | 检查要点 | 检查结论 | 备注 |
|---|---|---|---|---|
| 1 | 材料准备阶段 | 扣件质量是否满足要求 | | |
| | | 碗扣质量是否满足要求 | | |
| | | 钢管的壁厚是否满足要求 | | |
| | | 钢管的初始弯曲是否满足要求 | | |
| | | 木方的尺寸是否满足要求 | | |
| | | U 形托的质量是否满足要求 | | |
| 2 | 铺设基础阶段 | 地基是否平整坚实 | | |
| | | 地面的标高是否满足设计要求 | | |
| | | 底座和垫板的位置是否平直，是否就位 | | |
| | | 斜坡上的底座和支撑件是否有防滑措施 | | |
| 3 | 当支架搭设到水平剪刀撑的设置层时 | 所有立杆是否和两个水平方向的横杆连接在一起 | | |
| | | 立杆是否垂直 | | |
| | | 立杆的接长是否处理正确 | | |
| | | 剪刀撑的数量和位置是否正确 | | |
| | | 碗扣架的上碗扣是否扣好 | | |
| | | 扣件架的螺栓是否拧紧 | | |
| | | 如采用地泵浇筑混凝土，是否设置了约束泵管位移的设施 | | |
| 4 | 当支架的高宽比达到 1.5 时 | 剪刀撑的数量和位置是否正确 | | |
| | | 支架是否与已浇筑完成的结构之间设置了连接 | | |
| 5 | 当支架到达搭设高度时 | U 形托的布置是否正确 | | |
| | | 立杆超出顶层水平杆的长度是否超过了设计值 | | |
| | | 该加固地方是否得到加固 | | |
| | | 混凝土大梁下的立杆是否与每层的水平杆相连 | | |
| | | 立杆垂直度是否符合要求 | | |
| 6 | 荷载施加之前 | 立杆底部是否着地 | | |
| | | 扫地杆是否有缺失 | | |
| | | 碗扣式支架的上碗扣是否扣好 | | |
| | | 扣件式支架的螺栓是否拧紧 | | |
| | | 立杆超出顶层水平杆的长度是否超过了设计值 | | |

### 11.3.2 搭设完毕后搭设质量检查验收方法

监理单位和施工单位在搭设完毕后的验收检查中应重点关注"地基基础"、"构造措施"、"搭设参数"、"节点质量"、"顶部结构"和"泵管固定"等方面，检查要点见表11-4。

搭设完毕后质量检查验收要点 表11-4

| 序号 | 检查项目 | 检查要点 | 检查结论 | 备注 |
|------|----------|----------|----------|------|
| 1 | 地基基础 | 立杆底部基础是否牢固 | | |
| | | 底座位置是否设置正确 | | |
| | | 垫板是否缺失 | | |
| 2 | 构造措施 | 扫地杆的设置是否完整 | | |
| | | 竖向剪刀撑的设置是否完整 | | |
| | | 水平剪刀撑的设置是否完整 | | |
| | | 立杆接长是否全部采用对接连接方式 | | |
| 3 | 搭设参数 | 扫地杆高度是否与专项施工方案一致 | | |
| | | 立杆纵横距是否与专项施工方案一致 | | |
| | | 立杆步距是否与专项施工方案一致 | | |
| | | 立杆伸出顶层水平杆长度是否与专项施工方案一致 | | |
| 4 | 节点质量 | 扣件螺栓拧紧扭力矩是否符合规范要求 | | |
| | | 上碗扣是否扣好 | | |
| 5 | 顶部结构 | 可调U形托的安装是否合格 | | |
| 6 | 混凝土泵管固定 | 是否给混凝土泵管设置了有效的约束设施 | | |

### 11.3.3 检查结论及处理措施

"搭设过程监督检查"和"搭设完毕后搭设质量验收"结论分为"合格"和"不合格"。对于"不合格"的，监理单位应当责令施工单位立即整改；存在重大安全隐患的，应当责令立即停工整改。整改合格后，方可进行混凝土浇筑。

# 本 篇 参 考 文 献

[1] 住房和城乡建设部质安司安全处统计资料，2009.

[2] 北京市工程质量安全监督站."9·5"重大生产安全事故调查报告 [R]，2005.

[3] 赵国藩，贡金鑫，赵尚传. 工程结构生命全过程可靠度 [M]. 北京：中国铁道出版社，2004.

[4] 谢楠，梁仁钟，王晶晶. 高大模板支架中人为过失发生规律及其对结构安全性的影响 [J]. 工程力学(A01)，2012.

[5] 刘家彬，郭正兴. 扣件钢管架支模的安全性 [J]. 施工技术，2002，31(3)：9-11.

[6] 郭正兴，陈安英. 高大支模安全的关键技术问题研讨 [J]. 施工技术，2007，36(S)：140-144.

[7] 周继忠. 扣件式钢管高大模板支架施工安全监理 [J]. 施工技术，2002，38(4)：76-78.

[8] 杜荣军. 建筑施工安全手册 [M]. 北京：中国建筑工业出版社，2007：570-580.

[9] 梁仁钟. 高大模板支架的可靠性分析及安全性评价 [D]. 北京：北京交通大学，2010.

[10] 胡长明，曾凡奎，沈勤，等. 基于真架试验的模板支撑体系失稳模态和承载力研究 [G]. 全国建筑模板与脚手架专业委员会 2008 年年会论文汇编，239-248.

[11] Faravelli L. A. Response surface approach for reliability analysis [J]. Journal of engineering mechanics，ASCE，1989，115(12)：2763-2781.

[12] Liu X. L.，Chen W. F.，Bowman M. D. Construction load analysis for concrete structures [J]. Journal of Structural Engineering，1985，111(5).

[13] 佟晓利. 钢筋混凝土结构施工期可靠性研究 [D]. 大连：大连理工大学，1997.

[14] 谢楠，王勇. 超高模板支架的极限承载能力研究 [J]. 工程力学，2008，25(A01)：48-153 (EI检索).

[15] 卓新，姚光恒. 扫地杆对扣件式钢管脚手架结构承载力的影响 [J]. 建筑技术，2004，35(8)：582-583.

[16] 袁雪霞，金伟良，鲁征，等. 扣件式钢管支模架稳定承载能力研究 [J]. 土木工程学报，2006，39(5)：43-50.

[17] 聂鑫，蒋傲宇，黄伟，等. 扣件式钢管支模架系统承载力的灵敏度分析 [J]. 工业建筑，2007，37(11)：99-103.

[18] 袁雪霞. 建筑施工模板支撑体系可靠性研究 [D]. 杭州：浙江大学，2006.

[19] 金伟良，鲁征，刘鑫，等. 支模架施工安全性的评价研究 [J]. 浙江大学学报(工学版)，2006，40(5)：800-803.

[20] 金伟良，袁雪霞，刘鑫，等. 模糊灰关联综合评价在扣件式钢管支模架风险分析中的应用 [J]. 东南大学学报，2006，36(4)：621-624.

[21] 于全忠，高善友，刘涛. 烟台广电中心扣件式高架支模设计与施工 [J]. 施工技术，2009，38(4)：65-67.

[22] 孙作功. 扣件式钢管脚手架应用及可靠度分析 [D]. 上海：同济大学，2002.

[23] 郭正兴，陈安英. 高大支模安全的关键技术问题探讨 [J]. 施工技术，2007，36(S1)：140-144.

[24] 丁建斌，刘震. 从一起模板坍塌事故探析模架施工安全管理 [J]. 建筑施工，2003，25(1)：61-62.

[25] 谢建民，王建宏. 模板支架坍塌事故分析与对策 [J]. 施工技术，2004，33(2)：35-37.

[26] 周继忠. 扣件式钢管高大模板支架施工安全监理 [J]. 施工技术，2009，38(4)：76-78.

[27] 杜荣军. 扣件架的设计安全度和施工安全管理 [J]. 施工技术，2003，32(2)：9-13.

[28]   HadiPriono F C, Wang H K. Analysis of Causes of Falsework Failures in Concrete Structures [J].
      Journal of Construction Engineering and Management, 1986, 112(1): 112-121.

[29]   HadiPriono F C, Wang H K. Causes of Falsework Collapses during Construction [J]. Structural
      Safety, 1987, 4(3): 171-194

[30]   HadiPriono F C. Analysis of Events in Recent Structure Failures [J]. Journal of Construction Engi-
      neering and Management, 1985, 111(7): 1468-1481.

# 附 录

## 2000—2010 年国内部分模板支架坍塌事故案例

| 序号 | 事故时间 | 项目名称 | 支架类型 | 搭设高度 | 坍塌阶段 | 坍塌事故原因 | 伤亡情况 |
|---|---|---|---|---|---|---|---|
| 1 | 2000.8.11 | 湖南省郴州市某银行住宅区大门工程[1] | — | 5.1m | 混凝土接近浇筑完成时，雨篷模板支撑立柱失稳，雨篷整体倒塌 | **直接原因：** 1. 只设置立柱未设置剪刀撑；2. 未按规定对模板支架立柱接长；3. 未按规定将立柱支撑在有足够强度和稳定的结构上；<br>**管理方面的原因：** 1. 施工前未编制施工方案；2. 模板及其支架无计算书；3. 模板施工无检查验收，处于失控状态 | 4死4伤 |
| 2 | 2000.9.10 | 景德镇市某工程大门横梁雨篷[2] | 木支撑 | 5.5m | 浇筑雨篷混凝土时坍塌 | **直接原因：** 1. 材料本身不符合要求；2. 支撑系统拉结数量不够；3. 地基未进行夯实处理；<br>**管理方面的原因：** 施工企业管理失控；建设单位未按基建程序办理报建、合同签订及审批手续等 | 3死9伤 |
| 3 | 2000.10.25 | 南京电视台新演播大厅[3] | 扣件式 | 36m | 演播大厅舞台在浇筑顶部混凝土施工中，因模板支撑系统失稳，屋盖坍塌 | **直接原因：** 1. 立杆间距过大；立杆步距过大；2. 底部未设扫地杆；支架搭设不合理；3. 立杆存在初弯曲；4. 梁底模的木楞放置方向不妥，且该排立杆的水平连系杆不够，承载力不足；5. 屋盖下模板支架与周围结构的固定与联结不足；6. 在混凝土浇筑期设备受冲击荷载；<br>**管理方面的原因：** 1. 施工组织管理混乱，模板支架搭设无图纸，无专项施工技术交底，施工中无自检、互检等手续；搭设完成后没有组织验收；2. 未按要求进行搭设；3. 总监理工程师无监理资质，工程监理组工作严重失职；4. 施工单位的领导安全生产意识淡薄，施工现场用工管理混乱；5. 建设管理部门对该工程执法监督和检查指导不力，对建设公司的监督管理不到位 | 6死35伤 |
| 4 | 2000.11.16 | 上海某工业厂房锅炉房工程[4] | 扣件式 | 16.5m | 正在浇筑混凝土时锅炉房屋面平台发生坍塌 | **直接原因：** 1. 没有设置连续的竖向和水平剪刀撑；2. 立杆步距过大；3. 缺少水平杆；4. 部分立杆直接落于集料坑底；<br>**管理方面的原因：** 没有设计计算文件及指导施工的书面技术文件 | 11死3伤 |

| 序号 | 事故时间 | 项目名称 | 支架类型 | 搭设高度 | 坍塌阶段 | 坍塌事故原因 | 伤亡情况 |
|---|---|---|---|---|---|---|---|
| 5 | 2000.11.27 | 深圳盐坝高速公路某高架桥[5] | 扣件式 | 30m | 在浇筑混凝土过程中发生了半幅桥面模板支架坍陷 | **直接原因**：1. 立杆垂直高度误差偏大；2. 部分扣件未拧紧；3. 没有设置足够的剪刀撑；4. 支架设计中对不利荷载因素及分布认识不足，未采取相应对策和措施；<br>**管理方面原因**：施工部门、监理部门管理不力，安全意识淡薄 | 伤10余人 |
| 6 | 2001.9.25 | 京福高速公路三明连接线梅列互通A匝道桥梁工程[6] | 贝雷支架和满堂支架 | — | 在进行第四段堆载预压时模板支撑体系垮塌 | **直接原因**：1. 钢管立柱柱基不坚实；2. 支撑体系侧向约束薄弱；3. 各榀贝雷梁间仅设有水平支撑，缺少斜向支撑；4. 部分钢管柱采用Φ20钢筋作为横向支撑构件，其刚度明显不足；<br>**管理方面原因**：1. 大部分满堂式支架改为贝类支架时未办理相关的更改和报批手续；2. 施工方案未经正式审批，不够详尽和规范；3. 无正式的施工技术交底 | 6死20伤 |
| 7 | 2001.11.1 | 沈阳市东陵区某公司办公楼[7] | 木支架 | 15m | 当混凝土浇筑至凌晨时，突然发生屋顶梁板整体坍塌 | **直接原因**：1. 立杆直径过细；2. 立杆步距过大；3. 剪刀撑缺少；4. 没有对支撑立杆的地面进行勘察；<br>**管理原因**：没有制定专项施工组织设计 | 5死1伤 |
| 8 | 2002.2.8 | 四川省自贡市某大桥[8] | 扣件式 | — | 对支架进行荷载试验，当加载至设计荷载的90%时，支架失稳整体坍塌 | **直接原因**：1. 立杆步距不合理；2. 未设置剪刀撑；3. 没有详细勘察立杆基础强度；4. 钢管材料不合格；5. 对扣件紧固程度无要求；6. 加载不均；7. 支架搭设未经计算；<br>**管理方面原因**：1. 对加载试验失于管理，加载程序无人指挥和控制；2. 监理工作失职 | 3死7伤 |
| 9 | 2002.5.6 | 湖南省永州市某加油站建设工程[9] | 木支撑 | 6m | 尚未初凝的加油棚混凝土板整体坍塌 | **直接原因**：1. 立柱直径偏小，且长度不够；2. 立杆接长的做法不规范；3. 缺少水平支撑和剪刀撑；<br>**管理方面原因**：1. 工程施工人员无资质承包工程；支撑无施工图；2. 施工中没有健全的安全生产管理制度 | 7死10伤 |
| 10 | 2002.7.25 | 浙江大学新校区学生活动中心[10] | 扣件式 | 超过20m | 浇筑屋面混凝土时，支架发生坍塌 | **直接原因**：1. 立杆搭设参数不合理；2. 剪刀撑数量少；3. 钢管不符合要求；4. 扣件不符合要求；<br>**管理方面原因**：1. 混凝土浇筑之前未对搭设不合理的支架进行整改；2. 建设单位及监理严重失职 | 4死20伤 |
| 11 | 2002.10.13 | 湖南省永州市某小学校门雨篷[6] | 木支撑 | 8.5m | 在进行混凝土浇筑时，现浇梁板整体坍塌 | **直接原因**：1. 材料不满足要求；2. 两根支撑木之间用木板对接、用铁钉固定；3. 地基没有夯实；4. 支撑木之间基本上没有设置横向连接和斜拉杆；<br>**管理方面原因**：1. 工程无证设计，无证施工；2. 规避监管 | 5死3伤 |

| 序号 | 事故时间 | 项目名称 | 支架类型 | 搭设高度 | 坍塌阶段 | 坍塌事故原因 | 伤亡情况 |
|---|---|---|---|---|---|---|---|
| 12 | 2002.12.14 | 福建南安市在建荣星石拱桥[11] | 木支撑 | — | 浇筑期 | **直接原因**：节点处理不当；<br>**管理方面原因**：安全监管不到位，石拱桥开工这么长时间，一直都没有人见过监理单位的工作人员 | 6死13伤 |
| 13 | 2003.1.7 | 广东省惠州市某花园工程卸料平台[12] | — | — | — | **直接原因**：1. 架体与建筑物的拉结过少；2. 拆除改动卸料平台架体；3. 人员集中，荷载集中，造成超载；<br>**管理方面原因**：1. 施工单位未领取《施工许可证》擅自施工；2. 搭设时无设计施工方案，搭设完成后没有经过验收便投入使用；3. 工程队擅自修改施工方案；4. 安全生产责任制不落实，劳动组织不合理 | 3死7伤 |
| 14 | 2003.6.24 | 深圳某花园商业街工程[13] | — | 8.8m | 浇筑混凝土时，支撑体系突然局部坍塌，造成支撑体系倾斜 | **直接原因**：1. 立杆间距过大；2. 横杆步距过大，无扫地杆；3. 无剪刀撑；4. 架体与建筑物无连接；<br>**管理方面原因**：1. 施工企业安全管理体系不健全，对项目缺乏有效管理；2. 项目安全管理制度不落实，高支模搭设未履行必要的验收手续；3. 监理公司在高支模专项方案审批和验收方面监理不到位 | 1死2伤 |
| 15 | 2003.8.9 | 厦门群鑫机械工业有限公司厂房[6] | — | 4.5m | 在浇筑屋面混凝土时支架失稳坍塌 | **直接原因**：1. 部分支撑杆件严重锈蚀；2. 无勘察、无设计；3. 拆模过早；<br>**管理方面原因**：无施工资质 | 7死38伤 |
| 16 | 2003.10.8 | 北京地铁5号线崇文门车站[14] | 碗扣式 | 约4m | 浇筑前 | **直接原因**：1. 立杆间距过大；2. 扫地杆不足；3. 剪刀撑布置不合理；<br>**管理方面原因**：1. 施工单位无专项施工方案；2. 施工单位擅自改变施工方案；3. 监理单位监理不力 | 3死1伤 |
| 17 | 2004.1.5 | 吉安市井冈山师院学生会堂工地[15] | 扣件式 | 22m | 屋面板混凝土浇捣完成2/3时，由于模板支撑失稳，发生坍塌 | **直接原因**：1. 模板支架的搭设不符合规范要求；2. 使用不合格扣件；<br>**管理方面原因**：1. 模板支架施工方案未经审批，即行施工；2. 企业安全管理混乱，未安排取得操作证的架子工搭设模板支架，安全规章制度落实不到位；3. 安全监督人员监督不力 | 5死1伤 |
| 18 | 2004.1.15 | 南京赛虹桥[16] | 扣件式 | — | 浇筑桥面时发生整体下沉坍塌 | **直接原因**：1. 顶部梁板下的大木楞均搁置在扣件钢管顶部的水平杆上；2. 扣件拧紧力矩不足 | 伤数十名 |
| 19 | 2004.2.26 | 南阳张仲景山茱萸有限责任公司办公楼工地[15] | 扣件式 | 17m | 顶部混凝土浇筑时，模板支撑系统突然整体坍塌 | **直接原因**：1. 搭设架体的钢管、扣件为不合格的伪劣产品；2. 架体搭设不符合规定；<br>**管理方面原因**：1. 施工方无方案、无审批、违章施工；2. 该项目内部管理混乱；3. 违反《安全生产法》及《建设工程安全生产管理条例》相关规定；4. 监理人员未尽到安全监督职责 | 5死9伤 |

| 序号 | 事故时间 | 项目名称 | 支架类型 | 搭设高度 | 坍塌阶段 | 坍塌事故原因 | 伤亡情况 |
|---|---|---|---|---|---|---|---|
| 20 | 2004.3 | 某商品住宅小区[17] | 木支撑 | — | 在屋面现浇混凝土施工中发生坍塌 | **直接原因**：1. 施工单位未对模架系统进行计算，也未编制模架系统施工技术方案；2. 地基承载力不足。<br>**管理方面的原因**：监理单位未对模架系统支撑方案及计算书进行审查，就批准施工 | — |
| 21 | 2004.4.10 | 常州杨栋印务有限公司在建厂房[15] | 木支撑 | 5.6m | 浇筑天沟翻边时，支模架及圈梁、天沟突然整体坍塌 | **直接原因**：1. 厂房南侧沿墙圈梁和天沟支撑木横向之间无可靠联系，水平木与斜撑之间无牢固联结；2. 天沟在施工时，经计算其倾覆力矩大于抗倾覆力矩，天沟倾覆产生天沟倒塌。<br>**管理方面的原因**：1. 未按圈梁和天沟的结构施工图组织施工；2. 施工承包人无建筑业经营资质，违法承接建设工程项目；3. 未请专业监理单位对工程质量安全进行监理 | 3死7伤 |
| 22 | 2004.5.29 | 宁波市北仑区亚洲浆纸业涂料碳酸钙车间工程[18] | 扣件式 | — | 在浇筑二层楼面混凝土时发生支架坍塌 | **直接原因**：1. 纵横水平杆大量缺失；2. 无剪刀撑；3. 立杆搭接采用了最不安全的在一根大横杆上搭接的方法；4. 钢管、扣件不合格。<br>**管理方面的原因**：1. 搭设前没有进行技术交底；2. 搭设操作随意性大；3. 检查验收极不负责；4. 企业对项目的管理力度十分薄弱；5. 主管部门监管不到位；6. 钢管、扣件使用前未经检测 | 1死2伤 |
| 23 | 2004.6.24 | 某水电站砂石料系统10号料仓[19] | — | 约38m | 拆模阶段 | **直接原因**：钢管壁厚不足；<br>**管理方面的原因**：1. 安全管理体系不健全；2. 监理单位监理不力；3. 工人无证上岗 | 2死3伤 |
| 24 | 2004.6.28 | 广西马山县广源铁合金厂在建厂房[15] | 木支撑 | 12m | 浇筑屋面混凝土时，木支撑局部失稳引起整个模板支撑系统的坍塌 | **直接原因**：1. 支撑木直径偏小，曲率过大；2. 层与层之间没有合理设置横向和纵向水平杆。<br>**管理方面的原因**：1. 施工现场安全无人管理；2. 相关部门对建筑市场管理不严、监督不力 | 3死11伤 |
| 25 | 2004.8.16 | 福建某图书馆附楼报告厅[20] | 扣件式 | 17.7m | 屋面模板支架发生坍塌 | **直接原因**：1. 水平和竖向剪刀撑设置不足；2. 扣件性能不合格；3. 钢管壁厚不足；4. 设计不合理；<br>**管理方面的原因**：1. 施工单位安全生产责任制落实不到位，对施工现场安全监督检查不力；2. 施工单位未组织专家进行专项审查；3. 施工单位技术负责人审批不严；4. 监理单位未认真履行监理职责 | 1死3伤 |

| 序号 | 事故时间 | 项目名称 | 支架类型 | 搭设高度 | 坍塌阶段 | 坍塌事故原因 | 伤亡情况 |
|---|---|---|---|---|---|---|---|
| 26 | 2004.9.1 | 南京江宁某校区[16] | 扣件式 | 18m | 在浇筑廊道顶层屋面梁板混凝土时发生坍塌 | **直接原因：**1. 水平杆搭设不足；2. 大梁下虽加密了立杆，但未同步加密与之正交的水平杆；3. 无扫地杆；4. 无剪刀撑；5. 支撑架未与东、西塔楼主体结构有效拉结；6. 钢管、扣件等材料质量不合格；<br>**管理方面的原因：**1. 项目经理无相关执业资质证，支撑架搭设人员无上岗证；2. 未编制专项施工方案；3. 未对作业人员进行安全技术交底；4. 未对钢管、扣件等进行质量验收；5. 浇筑前未进行质量验收；6. 未得到总监签发的混凝土浇筑令，施工单位擅自浇筑连廊；7. 监理公司监管不力 | 5死17伤 |
| 27 | 2004.11.8 | 江苏华东造纸机械有限公司门房工程[11] | — | — | 浇筑混凝土时，门楼支撑架失稳坍塌 | **直接原因：**1. 立杆间距过宽；2. 无剪刀撑和水平杆；<br>**管理方面的原因：**1. 作业人员不懂施工技术；2. 未经报批组织施工；3. 施工人员擅自拆除立杆支撑 | 3死，伤不详 |
| 28 | 2004.12.13 | 广清高速公路连接线主线工程[15] | 扣件式 | 超过10m | 在浇筑桥面混凝土过程中发生坍塌 | **直接原因：**1. 主龙骨计算模型选择错误，不符合实际情况；2. 地基承载力不能满足要求；3. 没有对支架的钢管和扣件进行检验；4. 对支架搭构造的要求不足；5. 施工方案未核对边腹板混凝土浇筑时产生的水平推力，且没有明确的有效措施；<br>**管理方面的原因：**1. 发生事故部位并没有进行预压试验；2. 对支架施工质量控制不到位；3. 施工方和监理方没有对事故发生段进行严格的质量控制；4. 没有对支架的钢管和扣件进行进厂检验 | 2死7伤 |
| 29 | 2005.3.27 | 南京河西中央公园工程[16] | 扣件式 | 6m | 浇筑期 | **直接原因：**1. 立杆间每步水平杆单向交错设置；2. 未设扫地杆；3. 未设纵向剪刀撑 | 1人死亡，受伤不详 |
| 30 | 2005.7.28 | 山东省临清市大剧院工程[21] | — | 24m | 在浇筑中央舞台顶部混凝土时，模板支撑系统失稳，中央舞台屋顶、井字梁坍塌 | **直接原因：**1. 水平剪刀撑设置不当；2. 模板支架与周围结构拉接不足；3. 设计不合理；<br>**管理方面的原因：**1. 模板支架搭设施工前，技术交底不细；2. 搭设过程中和搭设完成后都未进行严格检查验收；3. 监理工作人员工作失职；4. 浇筑施工现场安全管理混乱，施工单位和监理单位均对重点部位监管不力；5. 施工现场用工管理不符合国家有关安全生产的要求；6. 相关领导对各项规章制度执行情况监督管理不力；7. 该建设工程未按法律法规的规定履行安全监督手续 | 3死3伤 |

| 序号 | 事故时间 | 项目名称 | 支架类型 | 搭设高度 | 坍塌阶段 | 坍塌事故原因 | 伤亡情况 |
|---|---|---|---|---|---|---|---|
| 31 | 2005.7.30 | 重庆合川渭溪镇合川双槐电厂某机组发电工程[11] | — | 40m | 浇筑混凝土时，局部支撑架突然坍塌 | **直接原因**：1. 立杆间距、竖向剪刀撑不能满足设计要求；2. 设计不合理；<br>**管理方面的原因**：1. 施工过程中，对支架体系的检查、监控不力；2. 施工单位安全生产意识淡薄，安全管理工作存在漏洞，单项施工方案未按国家有关规定审核；3. 施工作业现场安全监管工作不到位；4. 监理单位对施工方案的技术审查不严，在实施监理过程中检查、监控不力 | 5死7伤 |
| 32 | 2005.7 | 某机组平台工程[22] | 扣件式 | — | 浇筑期 | **直接原因**：1. 扣件抗滑性能不符合要求；2. 钢管壁厚不足 | 5死7伤 |
| 33 | 2005.9.5 | 北京西西工程4号地项目[23] | 扣件式 | 21.8m | 浇筑期 | **直接原因**：1. 顶部立杆伸出水平杆长度过大；2. 扣件螺栓扭紧力矩不足；3. 立杆搭接或支承于水平杆上；4. 缺少剪刀撑；5. 立杆步距过长；6. 水平杆缺失；7. 未与周边结构进行可靠拉结；8. 立杆部分未着地；9. 钢管壁厚不足；<br>**管理方面的原因**：在模板支架搭设过程中，安全保证体系、安全人员配置、模板支架方案设计审批、安全生产技术交底、日常安全检查、隐患整改、模板支架搭设验收、材料进场验收等管理环节中存在严重问题 | 8死21伤 |
| 34 | 2005.10.21 | 西安市南郊的一座供热工程[24] | — | 20m | 大楼浇筑混凝土进行封顶时支架从中心部位坍塌下来 | **直接原因**：1. 缺少杆件；2. 搭设尺寸不合格；3. 搭设方法不正确；<br>**管理方面的原因**：1. 没有严格按专项施工方案进行搭设；2. 施工队没有按照施工方案和技术交底的要求进行搭设；3. 没有按承包单位和监理公司提出的整改要求全面整改；4. 项目安全生产管理不到位，在满堂支架搭设过程中，搭设完毕后及检查验收时，对架体存在的重大安全隐患整改工作没有进行全面认真的查检；5. 监理公司未进行认真监督，监理履行职责不到位 | 4死13伤 |
| 35 | 2005.11.5 | 贵州务川自治县珍珠大桥[24] | 碗扣式 | 47m | 浇筑桥面时发生坍塌 | **直接原因**：施工单位使用了不符合安全质量的施工器材；<br>**管理方面的原因**：施工单位在施工中违规作业 | 16死3伤 |

| 序号 | 事故时间 | 项目名称 | 支架类型 | 搭设高度 | 坍塌阶段 | 坍塌事故原因 | 伤亡情况 |
|---|---|---|---|---|---|---|---|
| 36 | 2005.12.14 | 福建省三明梅列区某桥[11] | | 约20m | 浇筑期 | **直接原因**：1. 拱架没有按规定设计计算；2. 拱架立柱基础未按有关规定安装；3. 模板及木脚手架支撑体系搭设存在重大隐患；<br>**管理方面的原因**：1. 该桥主拱圈砌筑程序未按相关规定进行、砌筑过程中未按规定对拱圈进行施工变形观测、未按桥梁规程和设计要求进行施工砌筑；2. 施工现场安全管理失控，项目经理和监理人员从未到过现场，施工单位未编制模板及脚手架安全专项施工方案；3. 建设单位违规发包工程 | 6死 |
| 37 | 2005.12.14 | 河北省石家庄桥东污水处理厂Ⅰ号污水消化池工程[24] | — | 约40m | 浇筑污水消化池混凝土时，模板支撑系统坍塌 | **直接原因**：1. 设计不合理；2. 没有产品质量合格证书；<br>**管理方面的原因**：1. 没有按工程实际情况对模板体系制定专项施工方案；2. 没有产品质量合格证书，未见相应施工操作、质量和验收的标准文件；3. 混凝土浇筑施工作业没有按模板的设计条件进行控制，混凝土的初终凝时间没有控制措施；4. 技术和质量管理不到位；5. 安全生产职责落实不到位；6. 现场检查监督监理不到位，安全意识与教育工作不到位 | 6死3伤 |
| 38 | 2006.5.19 | 大连市经济技术开发区某教学楼工程[25] | 扣件式 | 16.5m | 浇筑期 | **直接原因**：1. 由于立杆间距不等，无法设置纵、横向通常水平拉杆，使一个方向的立杆几乎无一根拉杆约束；2. 未按规定设置水平剪刀撑和竖向剪刀撑；3. 立杆错误地采用搭接接长；4. 钢管壁厚不足；5. 扣件质量不好；6. 地面回填土没按要求分层夯实；<br>**管理方面的原因**：1. 建设单位违法发包工程；2. 没有制定安全专项施工方案；3. 施工现场安全管理混乱；4. 施工单位不具备安全生产条件；5. 监理单位不负责任；6. 政府主管部门监管不力 | 6死18伤 |
| 39 | 2006.8.24 | 江苏省溧阳市某建材项目二期扩建工程[25][26] | 扣件式 | — | 在浇筑楼板混凝土过程中，模板支撑系统失稳，发生整体倾斜、坍塌 | **直接原因**：1. 没有设置纵向和横向剪刀撑和扫地杆；2. 相邻立杆接头在同一水平面的现象较普遍；3. 钢管壁厚都明显低于国家标准的要求；4. 扣件的重量都明显低于国家标准的要求；<br>**管理方面的原因**：1. 违规擅自开工建设；2. 无视国家法律法规，层层转包工程项目；3. 政府监管部门监管不力 | 4死2伤 |

| 序号 | 事故时间 | 项目名称 | 支架类型 | 搭设高度 | 坍塌阶段 | 坍塌事故原因 | 伤亡情况 |
|---|---|---|---|---|---|---|---|
| 40 | 2006.8.29 | 厦门同安湾大桥工程[20] | 扣件式 | 10.4m | 在进行箱梁混凝土浇筑时，满堂支架局部失稳倒坍，导致箱梁垮塌 | **直接原因**：1. 立杆对接扣件没有交错布置；2. 扫地杆设置不足；3. 剪刀撑不足；4. 立杆间距过大；5. 部分钢管壁厚不足；6. 扣件扭矩达不到规范要求；<br>**管理方面的原因**：1. 施工组织方案存在缺陷；2. 施工企业未按规定对模板专项方案组织专家论证；3. 没有进行满堂支架基础承载力预压试验；4. 监理单位对模板专项设计方案审查把关不严，满堂支架无验收，对安全隐患监督不力 | 伤17人 |
| 41 | 2006.8.31 | 甘肃省兰州市某科技园区会所建筑工程[25] | — | 12m | 在浇筑会所中厅上方混凝土时发生坍塌 | **直接原因**：1. 支架步距、立柱间距不符合标准要求；2. 架体竖向和水平剪刀撑设置不足；3. 架体与其他结构拉结数量不足；4. 立杆的搭接和固定方式错误；5. 架体缺少扫地杆；6. 架体使用的旧钢管存在壁厚减小等缺陷；7. 未按施工方案要求施工；<br>**管理方面的原因**：1. 建设单位违规组织工程建设；2. 违章指挥、冒险作业，违规施工、冒险蛮干；3. 施工现场安全管理混乱；4. 监理不负责任 | 3死8伤 |
| 42 | 2006.9.1 | 广东佛山市某在建小区售楼部[25] | 扣件式 | 20.5m | 在浇筑顶层屋面混凝土时支撑系统坍塌 | **直接原因**：模板支撑系统立杆承载力严重不足；<br>**管理方面的原因**：1. 建设单位擅自组织施工，逃避政府有关职能部门的监管；2. 施工单位没有全面落实安全生产管理责任；3. 监理单位没有认真执行监管职责 | 3死3伤 |
| 43 | 2006.9.30 | 淄博市某碳酸钙厂二次混料室工程[25] | 扣件式 | 13.0m | 由南向北浇筑混凝土时，发生坍塌 | **直接原因**：1. 部分立杆间距过大；2. 同一高度立杆接头过于集中；3. 立杆纵横向拉结不符合规范要求；4. 立杆底部底座或垫板不符合规定要求；5. 没有按规范要求设置纵向和水平剪刀撑；6. 整个支架体系与已浇筑的立柱、梁没有连接；7. 使用的材料存在质量缺陷；8. 顶层的混凝土柱与屋面的梁、板同时浇筑，水平约束差；<br>**管理方面的原因**：1. 该项目建设中，法定建设手续不全，未按规定进行招投标；2. 施工单位安全管理存在严重缺失；3. 监理单位的验收结论与现场实际不符 | 3死1伤 |

| 序号 | 事故时间 | 项目名称 | 支架类型 | 搭设高度 | 坍塌阶段 | 坍塌事故原因 | 伤亡情况 |
|---|---|---|---|---|---|---|---|
| 44 | 2006.10.02 | 山东省聊城市某循环机厂房工程[25] | 扣件式 | 11.9m | 进行混凝土振捣作业时,浇筑面下沉,已浇筑部分完全坍落 | **直接原因**：1. 立杆密度达不到要求；2. 没有设置剪刀撑,斜拉杆偏少；3. 框架柱及屋面梁板同时浇筑,架体局部失稳,导致整体坍塌；<br>**管理方面的原因**：1. 建设单位未严格执行有关建设工程实行委托监理的规定；2. 建设单位存在压缩合理工期的问题；3. 施工单位未编制模板工程专项施工方案；4. 项目技术负责人未进行安全技术交底；5. 搭设人员不具备脚手架作业要求；6. 架体未验收就进行浇筑施工；7. 监管部门监管不到位 | 3死5伤 |
| 45 | 2006.11.11 | 四川崇州成都丰丰鸭业水塔工程[24] | 扣件式 | 约40m | 水塔灌浆施工时,突然发生系列架体垮塌 | **直接原因**：1. 不按规范要求搭设；2. 钢管、扣件及地基基础处理、架设方式、连墙件的设置、龙门架的搭设均不符合相关规定和要求；<br>**管理方面的原因**：1. 建设公司规章制度不落实,安全责任不落实,任用无资质人员担任项目负责人；2. 公司安全制度不健全,责任不落实,水塔工程未经专业资质单位设计,无施工图纸,无施工方案；3. 崇州市规划建设局未切实履行行业管理职责,后续监管乏力 | 5死1伤 |
| 46 | 2007.2.4 | 厦门市福隆体育公园运动馆工程[20] | 扣件式 | 15.7m | 在浇筑屋面板和预应力梁混凝土时发生垮塌 | **直接原因**：1. 扫地杆、水平拉杆、剪刀撑和主梁顶托漏设严重；2. 混凝土浇筑过程中违反施工技术方案,造成施工水平方向局部动荷载过大,模板支撑体系失稳；<br>**管理方面的原因**：1. 模板专项技术方案未按规定进行组织论证；2. 施工、监理单位安全生产责任制不落实 | 伤5人 |
| 47 | 2007.2.12 | 广西医科大学图书馆二期工程[25] | 扣件式 | 18m | 在浇筑混凝土过程中,模板支撑系统突然坍塌 | **直接原因**：1. 水平、横向和纵向剪刀撑严重不足；2. 连墙件数量及设置方式未达到规范规定的要求；<br>**管理方面的原因**：1. 总包单位领导安全生产意识淡薄；2. 施工单位在搭设前并没有进行安全技术交底；3. 搭设完成后没有组织验收；4. 监理单位严重失职；5. 政府有关监管部门监督管理不到位 | 7死7伤 |
| 48 | 2007.6.13 | 广州珠江黄埔天桥东二环六标段[27][28] | 扣件式 | 18m | 大桥预压施工时钢管架突然坍塌 | **直接原因**：下雨使沙袋的重量超过标准重量 | 2死2伤 |

| 序号 | 事故时间 | 项目名称 | 支架类型 | 搭设高度 | 坍塌阶段 | 坍塌事故原因 | 伤亡情况 |
|---|---|---|---|---|---|---|---|
| 49 | 2007.8.13 | 湖南凤凰堤溪沱江大桥[29] | — | 42m | 拆模期 | **直接原因**：1. 未按照规范的拆卸方法来拆支架；2. 混凝土龄期强度没达到规范要求就拆卸支架；3. 建造中使用的原材料不合格；<br>**管理方面原因**：政府有关监管部门监督管理不到位 | 64死22伤 |
| 50 | 2007.9.4 | 山东淄博某学校千人礼堂[21] | — | 超过10m | 浇筑期 | **直接原因**：1. 杆件间距过大；2. 模板支架基础未作处理，地基承载力较差；3. 混凝土浇筑工序不合理，造成荷载分布不均匀；<br>**管理方面的原因**：1. 施工单位未编制模架专项施工方案，也未组织专家论证；2. 施工单位未对相关有关人员进行技术交底；3. 管理环节存在不规范行为 | 4死8伤 |
| 51 | 2007.9.6 | 郑州富田太阳城[10][13][25] | 扣件式 | 超过15m | 浇筑混凝土时发生坍塌 | **直接原因**：1. 梁下立杆间距过大；2. 缺少剪刀撑；3. 缺少扫地杆；4. 钢管壁厚严重不足；<br>**管理方面原因**：1. 现场负责人对施工过程发生的重大事故先兆没有采取果断措施，劳务公司未按规定配备专职安全管理人员；2. 施工单位安全技术交底不清；3. 未对检查中发现的重大事故隐患进行整改验收；4. 相关管理人员未履行安全生产责任制；5. 监理单位监理员越权签发混凝土浇筑令 | 7死17伤 |
| 52 | 2007.11.25 | 山西省侯马市汽车客运站候车楼工程[30][31] | — | — | 在浇筑二层楼板混凝土时发生坍塌 | **直接原因**：1. 立杆间距偏大；2. 横杆间距偏大；<br>**管理方面的原因**：施工单位没有对模板支架立杆稳定性进行计算 | 3死6伤 |
| 53 | 2007.12.16 | 郑州郑东新区商业楼[27] | 扣件式 | 约5~6m | 在进行混凝土浇筑时发生坍塌 | **直接原因**：支撑结构搭建不合理；<br>**管理方面的原因**：1. 施工方没有按照要求操作；2. 没经过监理方签字，擅自浇筑混凝土 | 1死9伤 |
| 54 | 2007.12.21 | 湖北省荆州市某综合楼工程[25] | 立柱支撑 | — | 浇筑混凝土时，支撑立柱的阳台预制板断裂导致支撑坍塌 | **直接原因**：1. 立柱底部未设置垫木，直接放置在阳台预制板上；2. 立柱作用到预制板上产生的弯矩值是允许弯矩值的3倍多，致使预制板断裂；<br>**管理方面的原因**：1. 建设单位在项目建设中擅自加层；2. 施工单位安全生产管理制度不落实；3. 该项目的主要负责人未取得安全生产考核合格证书；4. 监理单位没有履行监理义务 | 3死1伤 |
| 55 | 2008.3.11 | 广州市白云区某汽车销售中心工程[32] | 木支撑 | 19.5m | 在进行混凝土浇筑作业过程中，发生电梯楼房楼面坍塌 | **直接原因**：支架体系的整体性不足，引起支架体系的整体失稳并坍塌；<br>**管理方面的原因**：1. 违法建设、违法施工；2. 施工现场安全管理混乱；3. 安全生产监管环节缺位 | 4死2伤 |

| 序号 | 事故时间 | 项目名称 | 支架类型 | 搭设高度 | 坍塌阶段 | 坍塌事故原因 | 伤亡情况 |
|---|---|---|---|---|---|---|---|
| 56 | 2008.3.13 | 陕西法门寺合十舍利塔正圣门工程[25] | 扣件式 | 20.5m | 当浇筑快要结束时，支撑系统突然发生坍塌 | **直接原因**：1. 立杆实际间距和水平横杆步距过大，不符合方案要求；2. 部分架体底部方木不符合方案要求；3. 扣件质量不合格；4. 整个架体未设置剪刀撑；**管理方面的原因**：1. 施工秩序混乱；2. 安全生产培训不到位，安全管理不严；3. 监理单位监督不到位 | 4死5伤 |
| 57 | 2008.4.30 | 长沙市某商业广场工程[25] | 扣件式 | 约21m | 在进行天井顶盖现浇钢筋混凝土屋面施工时，天井屋面从中间开始下沉，并迅速导致整体倒坍 | **直接原因**：1. 钢管壁厚不合格；2. 直角扣件力学性能不合格；3. 横杆间距较大；4. 未设置剪刀撑；**管理方面的原因**：1. 出现局部坍塌时，现场施工负责人员未立即撤离天井屋面作业人员，仍违章指挥工人冒险作业；2. 安全管理混乱，安全生产培训教育不落实；3. 施工组织混乱；4. 安全监管工作不落实 | 8死3伤 |
| 58 | 2008.5.13 | 天津市某通讯公司新建工程[25] | — | 6m | 在对第3层6～10轴段的柱、梁、板进行混凝土浇筑时，已浇筑的3层顶部突然坍塌 | **直接原因**：1. 搭设间距不统一；2. 水平杆步距随意加大，未按规定设置纵、横向扫地杆；3. 未按规定搭设横向水平杆和剪刀撑；4. 擅自改变浇筑顺序；**管理方面的原因**：1. 施工单位擅自改变原有施工组织设计方案；2. 搭设完毕后未验收；3. 压缩工期后，未采取任何相应的安全技术保证措施；4. 项目部人员配备不齐，在技术人员变更、流动的情况下，以包代管 | 3死1伤 |
| 59 | 2008.6..21 | 温州铁路鹿城段工地[33] | 钢移动模架 | 约18m | 移动模架在移动过程中整体倒塌 | **直接原因**：移动模架右后侧主吊带断裂 | 0 |
| 60 | 2008.12.4 | 重庆市秀山县某水泥公司改造工程[25] | 扣件式 | 9.6m | 现浇板混凝土浇筑到2/3时发生了坍塌 | **直接原因**：1. 立杆间距、横杆步距不符合规范要求；2. 剪刀撑设置不符合要求；3. 施工工序不合理；**管理方面的原因**：1. 未按工程强制性规定编制安全专项施工方案；2. 未按照《建设工程安全监理规范》和工程建设强制性标准实施监理；3. 安全生产培训教育不到位 | 4死2伤 |
| 61 | 2008.12.29 | 福建顺昌某在建桥梁[34] | — | 10m多 | 浇筑混凝土桥面时突然坍塌 | **直接原因**：无设计图纸，桥梁支撑架搭建不合理，承受不住桥面上所灌水泥浆的重量；**管理方面的原因**：1. 施工队没有施工资质；2. 无监理公司监督施工；3. 无专门的施工技术人员 | 8伤 |

| 序号 | 事故时间 | 项目名称 | 支架类型 | 搭设高度 | 坍塌阶段 | 坍塌事故原因 | 伤亡情况 |
|---|---|---|---|---|---|---|---|
| 62 | 2009.4.7 | 朔州火车站改扩建工程的站房工程[35] | 扣件式 | | 浇筑候车大厅一层顶板混凝土时发生坍塌 | **直接原因**：1. 模板支撑体系的设计计算有误；2. 扣件质量不合格；<br>**管理方面的原因**：1. 施工单位对进场材料和机具质量把关不严；2. 建筑安全生产专项整治在施工单位、工程项目落实不到位；3. 监管部门对工程的监管存在薄弱环节 | 7伤 |
| 63 | 2009.9.2 | 哈尔滨黄河公园地下改建工程[36] | 碗扣式 | 约12m | 浇筑期满堂红脚手架整体失稳导致坍塌 | **直接原因**：1. 没有设置剪刀撑；2. 扫地杆缺失；<br>**管理方面的原因**：层层转包，违章开工 | 1死2伤 |
| 64 | 2009.10.4 | 安徽省合肥市庐阳工业园三一重工工地[37] | — | 约18m | 浇筑混凝土时，模板支撑体系产生倾覆破坏 | **直接原因**：1. 模板支撑体系搭设不合理；2. 防护高度不够；3. 连墙件过少 | 4死1伤 |
| 65 | 2009.8.24 | 陕西省清涧县玉家河乡前张家河大桥[38] | 木支撑 | 约12m | — | **直接原因**：木架支撑系统存在缺陷；<br>**管理方面的原因**：1. 施工单位擅自改变施工方案；2. 监理单位监理不力；3. 工作负责人涉嫌玩忽职守 | 5死7伤 |
| 66 | 2010.1.3 | 昆明新机场建设工程航站楼引桥[39] | 碗扣式 | 8m | 在第三跨混凝土浇筑时发生坍塌 | **直接原因**：1. 未设置水平剪刀撑，横向剪刀撑间距过大；2. 立杆接长不足；3. 模板支架碗扣安装违规；4. 混凝土浇筑方式违反规范规定；5. 架体设计及扣件质量不合理；<br>**管理方面的原因**：1. 发现支架搭设不规范未及时进行整改，未认真履行支架验收程序；2. 未对进入现场的支架及扣件进行检查和验收；3. 安全管理不到位 | 7死34伤 |
| 67 | 2010.1.12 | 安徽省芜湖市某配送中心工程[39] | 扣件式 | 11.9m | 浇筑期 | **直接原因**：立杆间距、剪刀撑、扫地杆以及水平杆拉结的设置不符合专项方案的要求；<br>**管理方面的原因**：1. 建设单位未在承包合同中明确自身与承包单位的安全管理职责；2. 施工单位在明知梁底出现下沉的情况下，未组织人员撤离危险区域；3. 施工单位未对支架进行专家论证、有关人员签审和方案交底等；4. 从事支架工程的作业人员安全意识淡薄，专业水平低；5. 监理监管失控 | 8死8伤 |

| 序号 | 事故时间 | 项目名称 | 支架类型 | 搭设高度 | 坍塌阶段 | 坍塌事故原因 | 伤亡情况 |
|---|---|---|---|---|---|---|---|
| 68 | 2010.1.12晚 | 贵州省福泉市利森水泥厂在建工程[39] | 扣件式 | 30m | 浇筑期，混凝土柱模板突然爆裂 | **直接原因**：施工单位在浇筑混凝土过程中施工工序错误；<br>**管理方面的原因**：1. 施工人员未严格按照施工方案和标准规范搭设模板支撑系统；2. 监理单位现场监管不力 | 8死2伤 |
| 69 | 2010.1.16 | 枣庄市阴平镇申丰水泥厂磨机厂房工程[40] | — | — | 浇筑顶板混凝土时，模板支架发生坍塌 | **管理方面的原因**：该工程未办理施工许可、质量监督、安全监督等基本建设手续 | 1死 |
| 70 | 2010.1.21 | 沪杭高铁步云特大桥266号桥墩[29] | 碗扣式 | — | 浇筑前在堆载预压过程中支架失稳坍塌 | **直接原因**：施工人员为了抢进度，违规施工，擅自修改施工方案，致使支架局部承载压力过大，导致支架坍塌 | 1伤 |
| 71 | 2010.3.10 | 山东省泰安市某旅游开发建设项目[39] | 扣件式 | 13m | 浇筑期支撑体系发生局部受力不均，进而造成部分垮塌 | **直接原因**：1. 未按规范要求搭设支架；2. 部分竖向支撑架架设在软土地基上，导致支架悬空；<br>**管理方面的原因**：无模板支撑专项施工方案 | 6死 |
| 72 | 2010.3.14 | 贵阳市国际会议展览中心项目[41] | 扣件式 | 13m | 在浇筑连廊柱和梁板混凝土时发生支架局部坍塌 | **直接原因**：施工单位未按设计方案搭设支架；<br>**管理方面的原因**：1. 监管不力，相关单位没有严把过程管理监督关；2. 工人未经验收就违章施工、浇捣混凝土 | 7死19伤 |
| 73 | 2010.3.15 | 武汉东立多晶硅厂房105号冷冻车间工程[42] | — | — | 浇筑混凝土横梁时，模板支撑坍塌 | **直接原因**：1. 钢管、扣件等材料不符合规范要求；2. 模板支架基础直接落在回填土上，未对基础进行处理；3. 模板支架搭设方式不符合规范要求；4. 立杆受力通过扫地杆传至基础；5. 立杆间距与提供的《模板工程施工方案》不符；6. 立杆连续6个接头处于同一水平面；7. 剪刀撑、连墙杆没有加固措施；8. 梁、柱、板混凝土同时浇捣时，混凝土浇捣方式不正确；<br>**管理方面的原因**：1. 项目部安全管理混乱，模板支架搭设严重违规；2. 未编制安全专项施工方案，无设计计算；3. 模板工程作业前未对施工人员进行安全技术交底 | 1死3伤 |

| 序号 | 事故时间 | 项目名称 | 支架类型 | 搭设高度 | 坍塌阶段 | 坍塌事故原因 | 伤亡情况 |
|---|---|---|---|---|---|---|---|
| 74 | 2010.4.2 | 南通市某公司重型压力容器车间探伤房施工工地[39] | 扣件式 | 13.8m | 混凝土浇筑至80%时发生整体坍塌 | **直接原因**：1. 立杆间距过大；2. 无剪刀撑；3. 立杆顶部采用搭接方式；4. 支架整体未与主体进行有效连接；**管理方面的原因**：1. 施工现场管理混乱；2. 支架搭设未按方案要求进行技术交底；3. 未按方案进行验收 | 7死1伤 |
| 75 | 2010.5.8 | 广州猎德污水处理厂在建机房[43] | 扣件式 | 9m多 | 浇筑期 | **直接原因**：1. 坍塌事故极有可能与昨日凌晨的特大暴雨有关；2. 设计不合理 | 1死16伤 |
| 76 | 2010.5.8 | 广州"花花世界"购物中心二期工程工地[44] | 扣件式 | — | 进行A1区桥廊楼面混凝土浇筑施工过程中突然发生坍塌 | **直接原因**：高大模板支撑体系存在结构性的重大事故隐患，支撑架的受力超过其承载力；**管理方面的原因**：1. 建设单位违法建设，施工单位层层违法分包，现场私人包工队不服从总承包单位管理，违章搭建支架；2. 施工现场安全管理混乱，无视监管部门的整改指令；3. 安全生产监管不力 | 4死4伤 |
| 77 | 2010.5.9 | 晋江永和某7米高楼梯[45] | 扣件式 | 约7m | 擅自卸掉刚浇灌好的楼梯模板，从而导致坍塌 | **直接原因**：1. 拆模过早；2. 地基承载力不足 | 1伤 |

# 参 考 文 献

[1] 湖北安全生产信息网：http：//www.hbsafety.cn/article/33/407/200907/59197.shtml

[2] 湖北安全生产信息网：http：//www.hbsafety.cn/article/33/407/200609/6069.shtml

[3] 湖北安全生产信息网：http：//www.hbsafety.cn/article/33/407/200612/17843.shtml

[4] 丁建斌，刘震. 从一起模板坍塌事故探析模架施工安全管理 [J]. 建筑施工，2003，25(1).

[5] 刘家彬，郭正兴. 扣件钢管架支模的安全性 [J]. 施工技术，2002，31(3)：9-11.

[6] 刘建民. 大型混凝土施工模板结构体系控制技术研究 [D]. 西安：西安建筑科技大学，2005：74-75.

[7] 湖北安全生产信息网：http：//www.hbsafety.cn/article/33/407/200907/59195.shtml

[8] 湖北安全生产信息网：http：//www.hbsafety.cn/article/33/407/200609/6128.shtml

[9] 湖北安全生产信息网：http：//www.hbsafety.cn/article/33/407/200907/59196.shtml

[10] 湖北安全生产信息网：http：//www.hbsafety.cn/article/33/407/200609/6155.shtml

[11] 王绍国（福建省建设厅）. 建筑工程质量安全坍塌案例分析. 2007.7.

[12] 安全管理网：http：//www.safehoo.com/Case/Case/Collapse/201101/166323.shtml

[13] 湖北安全生产信息网：http：//www.hbsafety.cn/article/33/407/200809/51064.shtml

[14] 宋怀忠. 北京地铁五号线"10·8"事故 [J]. 劳动保护，2006 (9)：101-102.

[15] 二〇〇四年 重大施工安全事故卷宗 建设部质量安全司.

[16] 郭正兴，陈安英. 高大支模安全的关键技术问题研讨 [J]. 施工技术，2007，36(S)：140-144.

[17] 胡伦坚. 某工程现浇屋顶坍塌事故分析 [J]. 施工技术，2005，34(4)：82.

[18] 浙江省建设厅. 关于宁波北仑"5.29"支模架坍塌事故的通报 [R]. 2004 年 6 月 7 日.

[19] 安全管理网：http：//www.safehoo.com/Case/Case/Collapse/201004/42203.shtml

[20] 周继忠. 扣件式钢管高大模板支架施工安全监理 [J]. 施工技术，2009，38(4)：76-78.

[21] 二〇〇五年 重大施工安全事故卷宗 建设部质量安全司.

[22] 甄海峰. 施工用钢管、扣件在脚手架垮塌事故中的警示 [J]. 中国建筑金属结构，2006，(12)：39-40.

[23] 杜荣军. 建筑施工安全手册 [M]. 北京：中国建筑工业出版社，2007：570-580.

[24] 赵玉章，刘柯. 我国模板脚手架安全事故的现状和对策 [J]. 建筑技术，2008，39(7).

[25] 住房和城乡建设部工程质量安全监管司. 建筑施工安全施工案例分析 [M]. 北京：中国建筑工业出版社，2010.

[26] 吴远东，郭正兴，包伟. 扣件式钢管高大模板支撑结构坍塌事故分析及预防措施 [J]. 江苏建筑，2011，144：11-15.

[27] 杜荣军. 建筑施工模板支架坍塌事故的解析与预防讲义. 2009.11.

[28] 广东建设信息网：http：//www.gdcic.net/gdcicIms/Front/Message/ViewMessage.aspx? MessageID=85820

[29] 应急管理案例库：http：//decm.jnu.edu.cn/? q=node/1006

[30] 中国经济网：http：//www.ce.cn/cysc/jtys/csjt/200712/19/t20071219_13967507.shtml

[31] 安全第一网：http：//www.safe001.com/news/show.asp? NewsID=164933&classid=1

[32] 广州市新闻中心. 关于 2008 年上半年广州市安全生产情况暨有关较大事故结案情况的通报 [R].

2008 年 7 月 16 日.

[33] 中央政府门户网站：http：//www. gov. cn/jrzg/2008-06/23/content_1025161. htm

[34] 福州新闻网：http：//news. fznews. com. cn/dsxw/2008-12-31/20081231RMwYLyR5IH112515. shtml

[35] 山西建设监理协会：http：//www. sxjsjlxh. com/huikanjuti/disiqi/2009/0910/969. html

[36] 东北网：http：//heilongjiang. dbw. cn/system/2009/09/04/052093002. shtml

[37] 厦门市安全生产监督管理局：http：//xmsafety. xmsme. com/web/news_detail. asp？id＝2409

[38] 陕西司法网：http：//www. legaldaily. com. cn/dfjzz/content/2009-09-24/content_1159227. htm

[39] 国家安全生产监督总局. 建筑施工坍塌事故技术分析座谈会资料. 2010.

[40] 中国安全生产网：http：//www. aqsc. cn/101805/101881/152311. html

[41] 腾讯新闻：http：//news. qq. com/a/20100407/002142. htm

[42] 武汉市城乡建设委员会：http：//gcjs. cces. gov. cn/content/2010-06-08/content_189598. htm

[43] 中国广州政府：http：//www. gz. gov. cn/publicfiles/business/htmlfiles/gzgov/s5814/201006/528471. html

[44] 中国建筑新闻网：http：//credit. newsccn. com/2010-06-29/8778. html

[45] 东南网：http：//www. fjsen. com/d/2010-05-10/content_3179391. htm